本书得到河南省高等学校青年骨干教师培养计划项目（2018GGJS122）、河南省自然科学基金项目（182300410160）、河南省重点科技攻关计划项目（182102310804，212102310091）、中国博士后科学基金面上项目（2016M602259）、河南省高等学校重点科研项目（20B560002）等项目的资助

U0642782

深部岩体力学参数特征化方法研究及应用

张士科　著

科学技术文献出版社
SCIENTIFIC AND TECHNICAL DOCUMENTATION PRESS

·北京·

图书在版编目（CIP）数据

深部岩体力学参数特征化方法研究及应用 / 张士科著. —北京：科学技术文献出版社，2022.8

ISBN 978-7-5189-8433-6

Ⅰ. ①深… Ⅱ. ①张… Ⅲ. ①岩体力学—研究 Ⅳ. ① TU45

中国版本图书馆 CIP 数据核字（2021）第 199127 号

深部岩体力学参数特征化方法研究及应用

策划编辑：张　丹　责任编辑：张　丹　邱晓春　责任校对：张永霞　责任出版：张志平

出　版　者	科学技术文献出版社	
地　　　址	北京市复兴路15号　邮编　100038	
编　务　部	（010）58882938，58882087（传真）	
发　行　部	（010）58882868，58882870（传真）	
邮　购　部	（010）58882873	
官　方　网　址	www.stdp.com.cn	
发　行　者	科学技术文献出版社发行　全国各地新华书店经销	
印　刷　者	北京厚诚则铭印刷科技有限公司	
版　　　次	2022 年 8 月第 1 版　2022 年 8 月第 1 次印刷	
开　　　本	710×1000　1/16	
字　　　数	200千	
印　　　张	12.5	
书　　　号	ISBN 978-7-5189-8433-6	
定　　　价	58.00元	

前　言

随着我国新型城镇化、工业信息化和交通现代化的建设，对矿产资源和能源的刚性需求越来越大，且将长期保持高位态势。因此，未来深部资源和能源的高效开发利用和地下工程的建设将成为常态，对深部岩体研究提高深部资源的高效开发利用能力和确保地下工程建设的安全，已成为必然趋势，刻不容缓。

由于深部岩体赋存环境的复杂性和隐蔽性，致使深部资源开采、核废料及液化石油天然气低温地质储存、公路铁路隧道、水利水电工程、地下空间工程、地下停车场、地下储库等方面在实施过程中常常伴随着岩爆、热害、液体泄漏、围岩大变形失稳等一系列地质灾害。另外，在进行深部岩体开挖、工程建设施工、定向钻井优化设计、围岩稳定性分析、水力压裂造缝设计等工作时，由于对深部岩体力学参数确定的不够准确或不能等效的定量化，给深部岩体优化设计、工程施工，以及后期的工程维护等带来了极大困难，甚至会由于一些参数的设计不合理导致大量的工程事故、环境破坏和地质灾害。深部工程岩体的结构特征、强度特征和所处地质环境等因素与浅部工程岩体的情况不同，这要求在进行深部工程岩体研究时，需要采用不同或改进的传统岩体力学与工程的理论、研究方法和技术手段。仅仅利用浅部工程岩体和深部工程岩体地层延伸出来的露头岩体（石）的破坏机制和岩体力学参数确定方法进行深部工程岩体问题的研究，具有明显的局限性。

因此，针对目前研究中存在的不足和研究过程中的挑战，开展了深部岩体在变形或损失破坏机制和基于人工智能的深部岩体力学参数特征化研究，对实现深部资源和能源的高效开发利用，以及地下工程的安全建设与使用具有极其重要的意义，也是岩体力学与工程亟须解决的研究课题之一。

本书立足深部岩体损伤破坏演化机制和岩体力学参数特征化方法两

个方面研究的问题和不足，紧跟学科前沿、学科交叉，以深部工程岩体为研究对象，结合岩体力学、多孔介质力学、渗流力学、断裂损伤力学、热力学和界面力学等相关理论，从微观层面和宏观层面上建立描述深部工程岩体的多场耦合效应非线性特征化模型，对深部岩体的损伤破坏演化机制进行探讨，同时通过结合人工神经网络、遗传算法等人工智能方法建立基于场地监测信息的多参数反演分析模型，为深部岩体的岩体力学参数特征提供新的确定方法。研究成果有效地解决了深部岩体力学参数特征化的挑战，并且大大降低了深部岩体的岩体力学参数特征化的成本，提高了岩体力学参数特征化的效率和等效准确度，为深部资源高效开发利用和地下工程安全建设与维护提供了技术支持，对国民经济发展和社会发展有着重要的意义。本书的主要创新成果包括以下几个方面。

①针对资源高效开发利用钻井时所引起的地面变形情况，采用有限差分方法，通过结合有限差分商业软件（FLAC3D），建立油气生产时资源储层及围岩的温度场-渗流场-应力场（THM）耦合的储层压缩变形导致地面移动的数值计算模型，揭示在多场耦合作用下深部岩体的变形演化机制。

②针对资源高效开发利用钻井时所引起的井筒围岩变形，采用离散单元法，通过结合商业离散元软件（UDEC），建立从宏观上描述裂隙岩体中裂隙网络开裂、延伸和贯通与多场耦合效应的非线性特征的地质力学数值计算模型，对深部工程不同方式钻井时井壁的稳定性进行了分析研究。同时，在不同岩体力学参数情况下，深部岩体工程的岩体力学行为得到描述，将岩体力学参数与岩体力学行为之间的对应关系进行定量描述，同时将定量化的数据收集整理形成人工智能岩体力学参数特征化的机器学习样本。

③针对人工水压致裂造缝提高资源采收率的问题，本书对工程岩体在反复注入液体作用下产生裂隙的机制开展了研究。基于离散单元法的Fish语言构建了深部裂隙岩体的温度场-渗流场-应力场（THM）多场耦合地质力学模型，采用该模型研究了考虑天然裂隙的分布及影响的水压致裂造缝机制及过程，这与实际工程更为接近。通过模拟分析岩体力学参数对水压致裂岩体的变形及井底孔隙压力变化的影响，找出岩体力学参数与岩体力学行为之间的线性/非线性关系，从而揭示深部裂隙岩体在

注入流体人为活动的变形破坏机制，同时为开展深部储层和围岩岩体力学参数特征化，提供了理想的人工智能反演模型机器训练样本和验证样本。

④结合数值模拟和人工智能技术建立了人工智能多参数特征化反演模型，实现了基于监测的场地信息对岩体力学参数特征化的研究。通过将识别到的参数代入建立的正演模型中，对工程岩体力学行为进行分析。人工智能的结果，以及数值计算结果、现场监测结果和人工智能预测结果表明，采用人工智能岩体力学参数特征化反演模型获得的岩体力学参数是有效的和等效准确的。这为定量化深部岩体力学参数提供了新方法，同时为进一步认识深部资源的高效开采规律提供了技术支持。

在项目的实施和应用过程中，解决了从宏观层面上描述裂隙网络演化与多场耦合效应的非线性特征，为认识裂隙岩体的断裂损伤破坏演化机制和进行裂隙岩体工程稳定性评价提供了理论基础。同时，结合现场能监测到的场地信息，采用人工智能技术，建立压力和位移多参数特征化反演分析模型，为解决在地下工程设计、施工、维护、评价和数值模拟中地下工程岩体的岩体力学参数获取这一科学难题提供了新的分析方法。

本书为项目研究工作的系统总结，由7章组成。第1章介绍了深部岩体力学与工程的国内外研究现状，以及本书的研究内容和特色。第2章介绍了深部岩体力学的概念和评价体系、工程岩体特性，以及深部工程中亟须解决的难题。第3章介绍了人工智能预测和反演识别模型的相关理论，并给出相应算例分析。第4章介绍了基于地面位移的岩体力学参数识别研究。第5章模拟分析了井壁稳定性，并介绍了基于井壁变形的岩体力学参数特征化研究。第6章模拟分析水力压裂过程，介绍了基于井底压力反演岩体力学参数的研究内容。第7章是结论与展望部分。

本书在出版过程中得到了河南省高等学校青年骨干教师培养计划项目"深部裂隙岩体冻压裂破坏机理及岩体力学参数特征化研究"（No. 2018GGJS122）、河南省自然科学基金项目"裂隙岩体冻损伤演化机理与地质力学参数特征化方法研究"（No. 182300410160）、河南省重点科技攻关计划项目"非常规油气储层岩体冻破坏机理及其地质力学参数反演识别研究"（No. 182102310804）、中国博士后科学基金面上项目"深部裂隙岩体破坏机理及岩体力学参数特征化研究"（No. 2016M602259）、河南省高等学校重点科研项目"基于人工智能技术的深部岩体力学参数特征化研究"（No. 20B560002）等项目的资助，在此，衷心感谢中国博士后科学基金委员会、河南省科学技术厅、河南省教育厅等有关部门给予的支持。

本书部分内容为攻读博士期间的研究成果，在此感谢母校 University of Wyoming 和导师 Shunde Yin 教授。同时，本书在撰写过程中得到了众多人士的支持和帮助。衷心感谢安阳师范学院的肖建清教授、郑州大学的王复明院士和方宏远教授对全书的统筹策划与安排提出的宝贵建议及给予的指导和帮助。感谢安阳师范学院的袁园老师、张明老师和李海涛老师在本书撰写过程中做的辅助工作，感谢课题组成员与相关研究人员在项目研究过程中所付出的艰苦努力，感谢安阳师范学院科研处、人事处等有关部门给予的指导和支持，感谢为项目顺利完成和本书出版提供支持和帮助的专家与朋友。

由于笔者水平有限，书中描述的理论、方法等多个方面难免有疏漏及不足之处，衷心希望诸位专家和读者予以批评指正。此外，书中对于其他专家学者的论点和成果都尽量给予了引证，如有不慎遗漏引证的，恳请诸位专家予以谅解。

笔　者

2021 年 4 月

目　录

第1章 绪 论

1.1 研究背景及意义

随着我国经济建设的蓬勃快速发展，地球浅部矿物资源的逐渐减少和枯竭，深部煤炭、矿产、石油、天然气、地热等资源的开采深度越来越大。同时，随着人们生活、生存空间的变化和需求，大批公路、铁路隧道，水利水电工程，引水工程，地下商业与工业空间，地下停车场，地下储库和核废料储存等地下工程的建设正不断走向深部[1-2]。深部岩体的地质力学环境与浅部岩体相比，应力场、温度场和渗流场等都要复杂得多，其力学行为特征相对浅部来说，会有明显的变化，如岩体的上覆岩层自重应力和岩体内部的构造应力，深部岩体所处的温度均会有明显的增大。因此，在深部资源开发利用和工程建设过程中，与浅部相比，发生的岩体大变形，围岩失稳，岩爆、热害、冲击地压等灾害事故就会出现频率高、程度剧烈和成灾机制复杂等问题，给深部资源安全高效开采和安全工程建设带来困难。但这也给岩体力学与工程的技术人员提出了一系列亟待解决的关键问题，同时给研究人员提出了一系列的重要研究课题，如裂隙岩体的渗流力学特性、本构关系、岩体大变形、岩体损伤演化机制、非线性力学特征和岩体力学参数的确定等。

目前有很多超过了 1000 m 的矿井、巷道和隧洞，如美国 Barnett 页岩气层开采深度已达 5000 m；中国四川、鄂尔多斯、江汉、塔里木盆地的页岩气层开采平均深度已达 2000 m。其中，中国石油天然气集团有限公司的塔里木油田日前宣布在新疆完成了国内乃至亚洲第一深井——轮探 1 井，其深度已达 8882 m，折合日产原油超过 100 t，证明了 8200 m 以上深地层依然存在优质油藏。沈阳采屯煤矿开采深度达 1197 m，开滦赵各庄矿开采深度为 1159 m，山东孙村煤矿开采深度达 1283 m，徐州张小楼矿开采深度为 1100 m，北京门头沟开采深度为 1008 m。加拿大蒂明斯市的 Kidd 铜锌矿开采深度为 2800 m，印度钱皮恩里夫金矿开采深度已达到 3260 m，南非西部超过千米的深井金矿多达百座。锦屏 II 级水电站工程最大埋深达 2525 m，南水北调西线工程最大埋深 1150 m，穿越阿尔卑斯山的瑞士圣哥达铁路隧道最大埋深 2300 m，地热开采深度也已超过 3000 m，有色金属矿的开采深度也已超过 4500 m，未来深部资源开采将成为常态。当今世界钻探最深的科拉半岛是 13 000 m，而真正对地球深部的探索还不足 10 000 m，所以人类对于地球深部岩体的物理特性，以及力学特性和行为的研究或认知是相当匮乏和肤浅的[1,3-4]。目前，世界上开采深度超过 1000 m 的国家深部工程开采现状如图 1-1 所示。

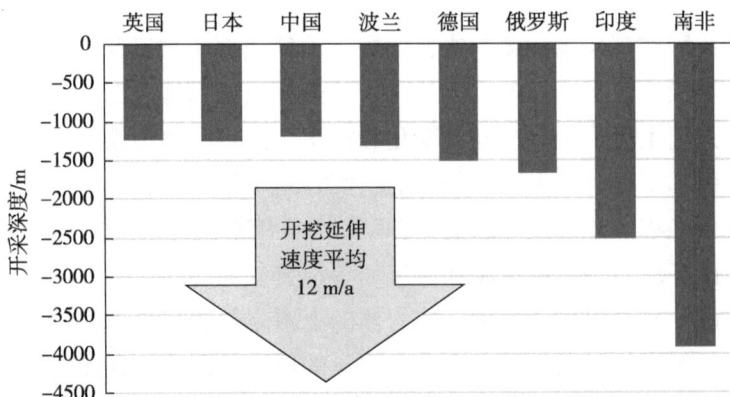

图 1-1　开采深度超过 1000 m 的国家深部工程开采现状

另外，地下能源储备、核废料储存、地下洞群等地下空间工程也正在向深部空间发展，其深层地质处理已达到上千米。这些深埋上千米的工程，由于赋存于"三高一扰动（高地应力、高地温、高岩溶水和强烈的钻探或开挖扰动）"的复杂地质力学环境中，在钻探或开挖施工时，以及建成运营后，深部地下工程常常伴随如井筒变形、岩爆、突水、顶板大面积垮落、冲击地压、采空区失稳等一系列问题[5]。因此，深部岩体（石）力学行为研究作为岩体（石）力学领域最前沿的课题之一，对深部岩体（石）工作者提出了一系列的重要研究课题，如岩石类材料本构关系、稳定性评价、钻井和开挖扰动区稳定性分析、压裂区优化、钻井方向优化、岩体力学参数特征化等问题。如何运用或改进或创新岩体（石）力学中的现有理论与方法解决岩体工程中的上述问题，以进行准确的力学计算和更合理的分析，提出正确而优化的设计和施工方案，已是岩体（石）力学研究者面临的重要任务。

深部岩体内部往往存在着一些不连续面（如空隙、微孔洞、节理裂隙、断层等），这些不连续面（天然缺陷）是地下石油、天然气、地热、煤层气等资源的主要储藏场所和流动的主要通道，也是地下工程建设经常发生灾害事故的关键点。同时，深部岩体内存在的这些天然缺陷也极大地改变了岩体的物理力学性质和在荷载作用下的力学行为，从而对深部岩体的强度、变形、渗透率等性质产生极大的影响。在外荷载作用下，由于这些天然缺陷更容易引起岩体或结构的逐步劣化造成损伤和变形破坏，从而形成宏观裂隙，这整个过程也就是通常指的裂隙起裂、扩展或演变连通[6]。传统的岩体力学主要利用唯象学从宏观角度对裂隙的变形演化机制进行研究，对深部岩体所表现的可持续大变形、软岩岩爆、分区破裂化等特殊变形破坏不能进行完全的解释[7-9]。深部岩体在钻探开挖过程中，人为的扰动和深部的高地应力通常会使深部岩体表现其峰后特有的强度特性和非线性力学行为，目前对于深部多节理裂隙岩体在扰动和高地应力作用下的宏细观变形破坏机制的研究还处于初始阶段。

随着我国经济建设的蓬勃快速发展，对矿产资源和能源的刚性需求越来越大，且将长期保持高位态势，同时新型城镇化、工业信息化和交通现代化的建设也加快步伐。因此，未来对深部资源和能源的开发利用将成为常态，地下工程建设也会越来越多，这都需要进行深部岩体的研究以提高深部资源的高效开发利用能力和地下工程的建设安全，这也是国家战略的必然趋势，刻不容缓。为此，国务院、科技部、国家自然科学基金委员会、地方科技部门也相继批准或加大了有关深部资源和能源高效开发利用的基础理论与应用技术方面的研究项目，以及深部工程建设项目，如国务院特批的"危机矿山"项目，提出"以矿山外围和深部找矿为主"的原则，还为该项目加大了40亿元特别经费以示对深部资源高效开发利用的重视[10]。2009年，中国科学院公布了中国2050年科技发展路线图，提出了"中国地下四千米透明计划"。

从目前来看，未来一段时期内深部资源开发利用主要是以 1000~2000 m 为主[11]。与浅部岩体相比，1000~2000 m 深的岩体所处的地质力学环境更为复杂，而且不易直接到达。要想经济合理地进行深部资源、能源、空间的开发利用，必须认真思考基于浅部和中等深度岩体研究方法建立起来的传统岩体力学理论和应用技术是否仍然适合于深部资源、能源和空间工程的建设，深部岩体在高温和高地应力条件下又有怎样的物理力学特征，如何去描述深部岩体的力学行为及其与生态之间的规律，从而实现无损害或者少损害生态的资源高效开发开采和地下空间利用，并行成深部资源开发利用和地下空间工程安全建设的基础理论与关键技术。

与浅部工程不同，深部资源、能源和空间工程的实践活动往往超前于基础理论、方法、应用技术的科学研究和探索，通常以工程类推的方式进行工程实践活动，这在一定程度上是有道理的，但是往往存在极大的风险，具有盲目性、低效性和不确定性等特点。深部资源、能源和空间工程所在的地质体称为深部岩体，其明显特征就是多节理裂隙和非线性；它所处的地质力学环境更加错综复杂，其明显特征就是高地应力、高地温、高岩溶流体压力和高量级的弹性能等[12]。

深部岩体的基本概念、基本理论和基本机制还不清晰，工程技术人员对深部的岩石性质和力学行为的认知还相当匮乏。对深部岩体工程特别是重大工程的建设，由于缺乏针对深部岩体力学与工程系统的理论知识和科学指导，地下资源、能源开发利用和地下空间工程安全建设中常常伴随着大量的工程灾害，不能有效地预测预报和防范处理。因此，针对深部岩体和环境，特别是地表以下 1000 m 以上的岩体及其环境，迫切需要开展岩体力学新理论、新原理、新工艺、新方法、新技术的科学研究，以及研究开发新的材料以适用于深部岩体、环境和工程活动方式的工程建设，从而解决深部资源能源高效开发利用和地下空间工程安全建设的理论和技术难题，构建深部岩体力学与开采建设理论体系和应用技术，为中国深部资源能源高效开发利用和地下空间建设提供理论基础与技术支撑，实现深部资源能源和空间的安全绿色开发，践行绿色开发理念[13-14]。

鉴于此，深部储层裂隙岩体温度场-渗流场-应力场等的多场耦合模拟分析研究，以及岩体力学参数确定方法的研究，就成了目前深部资源高效开发利用和地下空间工程安全建设亟待解决的关键问题。这些技术的发展不仅能有效解决地下工程优化设计、工程施工、资源采收率提高，以及资源储层的裂隙刚度、原场地应力和弹性参数定量化等问题，而且对描述资源储层渗流场、分析资源开采对环境的影响等都有很大帮助。

1.2 国内外研究现状及文献综述

深部岩体的赋存环境与浅埋岩体相比有着明显的不同。深部岩体工程，特别是深部裂隙岩体工程常常面临"三高"与时间效应问题，即高地应力、高地温、高渗透压力及高应力流变特点[15]。随着 CT 扫描技术的引入与发展，岩体的物理力学性质、渗流特性、损伤破坏机制等的室内岩芯试验研究已取得了较为丰硕的成果，其研究内容包括流体渗透机制、冻胀力的量值及其萌生消散机制、裂隙开裂扩展机制和岩体强度损失及稳定性评价等。裂隙岩体的渗流场受其几何性质和周围环境的影响，如孔隙介质和裂隙介质的双重属性、温度变化、流体相变与迁移、裂隙渗流及应力场变化等，反过来这些因素对渗流场的变化也产生了影响，从而形成节理裂隙岩体温度场（thermal）、渗流场（hydrological）及应力场（mechanical）的多场耦合（THM）。为此，科研人员也试图通过岩体多场耦合的试验和数值模拟的方法对岩体破坏机制、渗流特征和岩体力学参数特征化进行研究。国内外有关深部岩体物理力学特性、相关理论及岩体力学参数确定方法等的研究，归纳起来，主要有以下方面。

1.2.1　破坏准则

岩石强度随深度的增加呈现逐渐提高的趋势，在深部高地应力环境下，岩石强度准则通常表现为非线性。在上百种强度准则中，Mohr-Columb 准则、Drucker-Prager 准则和 Hoek-Brown 经验强度准则应用最为广泛。从岩体材料的基本力学性能出发，郑颖人等[16] 分析了岩体材料屈服准则的基本特性，提出了岩体材料的三剪能量屈服准则，将屈服准则和强度理论统一起来，揭示了强度理论的内在规律。朱维申等[17] 指出天然岩体中存在的不连续面和裂隙扩展机制对岩石本构关系影响很大。基于岩石微观断裂机制和损伤理论，谢和平[18] 引入分形几何定量地描述了岩石的损伤特性。Cleary[19] 通过对不同深度岩体的破坏特性研究，发现岩石破坏机制由浅部的动态破坏转化为深部的准静态破坏特性。王鸿勋[20] 认为深部岩体的破坏由于压力超过岩石的破裂压力更多地表现为动态的突然破坏。Asadi 等[21] 基于 Mohr-Columb 准则，建立了修正的 Mohr-Columb 准则，主要用来分析各向异性节理裂隙岩体的滑动和非滑动破坏问题。Mohr-Columb 准则和 Drucker-Prager 准则的优点是原理简单，适用性广泛，缺点是不能有效地考虑中间应力的影响。但是，深部岩体的破坏通常比较复杂，单一加、卸载很难准确地确定其岩体的破坏强度。

1.2.2 岩体的破坏特性

在岩体的破坏特性研究方面，实验研究至关重要，相对也比较多。肖桃李等[22] 基于断裂力学原理对深部单裂隙岩体的强度特性及破坏特征进行了研究，结果表明：单裂隙强度不仅有明显的围压效应，而且受裂隙倾角和尺寸的影响。朱维申等[23] 详细地研究了在双轴荷载作用下岩体裂隙的扩展和贯通规律。实验结果表明：双轴压缩载荷条件下，翼裂纹产生的时间和方位与雁形裂纹的空间位置有一定的关系，但最终都偏向最大主应力方向。杨圣奇等[24] 对大理岩变形和强度特性进行了试验研究，结果表明：粗晶大理岩的轴向承载极限与裂纹分布关系不大，晶粒间的摩擦承载决定粗晶大理岩的强度特性。张平等[25] 对静荷载和动荷载双裂隙岩石变形特性进行了研究，认为在动荷载作用下，次裂纹起裂后的扩展速度快于静荷载的作用，扩展长度也较静荷载有所增加。Lajtai[26] 通过对裂隙岩体在单轴压缩应力条件下的破坏特性的试验研究，分析了诱发裂纹与原生裂纹及最大压应力方向之间的关系。Hoek 等[27] 基于 Griffith 力学强度破坏理论对含单一裂纹玻璃试件在单轴、双轴条件下裂纹的起裂，扩展机制进行了研究，揭示了脆性材料的破坏特征。Petit 等[28] 通过对不同的脆性材料进行试验，揭示了单裂隙岩体的破坏模式，以及次生裂纹产生、扩展、贯通的基本规律。针对两裂隙试样开展的大量研究可以参考文献［29-30］，结果表明预制裂隙的张开或闭合特性对试样的整体破坏影响很小，但却对裂纹贯通时的荷载大小和新裂纹的起裂和延展方向影响较大。这些丰富的岩体力学特性研究成果成为后继研究者的重要参考基础。

为了更深入地研究岩体的破坏特性，更多学者从细观角度对岩体破坏过程进行了广泛的研究，取得了大量的研究成果。许江等[31] 从岩石的微断裂发展全过程的分析入手，采用带有加载装置的光学显微镜对砂岩完成了不同加载阶段的裂纹损伤分析，描述了岩石宏观断裂破坏与内部微裂隙发展的关系。Wu 等[32] 利用光学和扫描电子显微镜（OSEM）对 Darley Dale 砂岩在压缩破坏中的各向异性损伤的微观力学演化过程进行了定量研究。葛修润等[33] 研制了 CT 机专用三轴加载试验设备，完成了单轴（三轴）荷载作用下岩石材料破坏全过程的细观损伤扩展规律的 CT 实时试验，得到了在不同荷载下岩石中微空洞压密→裂纹萌生→发展→断裂→破坏等各个阶段的 CT

图像，给出了岩石损伤演化方程及本构关系。朱红光等[34] 借助 CT 扫描获得单轴压缩破坏过程中岩石材料内部的密度分布信息和统计特征，利用同位置点的密度变化来识别微裂隙的活动，通过统计密度变化特征和分形指标描述研究微裂隙的演化行为。张旭等[35] 建立了一套页岩储层水力压裂物理模拟试验模型，并对其进行了研究，利用声发射监测系统实时监测了页岩压裂裂隙的产生、扩展演化过程和裂隙形态。郭印同等[36] 采用真三轴岩体工程模拟试验机，压裂泵伺服控制系统，Disp 声发射三维空间定位技术，CT 扫描水力压裂扩展形态的方法，建立了一套页岩水力压裂物理模拟与压裂隙表征方法。随着 CT 扫描技术的引入与发展，岩体的物理力学性质、渗流特性等方面在室内研究中取得了较为丰富的成果。

1.2.3　岩体渗流开裂特性

在岩体渗流开裂特性方面，其研究成果也是颇为丰富的。蒋宇静等[37] 把节理裂隙开度分为：力学开度（通过几何测量得到）和水力等效开度（主要通过渗流计算分析得到），并对水在节理裂隙内的流动过程和状态进行了大量的研究。杨更社等[38] 采用"开放系统下按温度梯度"法，研究了寒区冻融环境条件下岩石的水热迁移规律，并给出详细的试验方案及过程。Joseph 等[39] 根据吸附力导致水分迁移的冻胀力理论和断裂力学基础，发展了岩石冻结时裂纹扩展的理论模型。Zhu 等[40] 通过煤岩渗流蠕变试验，分析了蠕变变形与渗流特性之间的关系。Park 等[41] 通过剪切流动耦合可视化试验，研究了软岩裂隙的产生过程及水力压裂行为，分析了裂隙流量和裂隙开度之间的关系。陈勉等[42] 采用大尺寸真三轴模拟试验系统，讨论了地应力、节理裂隙等因素对压裂裂隙扩展的影响。张广清等[43] 基于最大拉伸应力准则和拉格朗日极值法，讨论了水平井筒水力裂隙的起裂位置和扩展形状。Develi 等[44] 采用真三轴岩体工程模型试验机和 CT 扫描设备，研究了裂隙岩体渗流和裂隙扩展形态，建立了页岩水力压裂物理模拟与裂隙表征方法。徐彬等[45] 通过试验研究了岩体裂隙密度，正向荷载对液体在岩体中渗透的影响。刘泉声等[46] 通过对低温液化石油气和液化天然气地下储库工程的现场试验和分析总结，引出了冻岩体水分迁移及温度的研究思考。

通过上述的研究成果，可以将裂隙岩体渗流特性研究概括为：①裂隙的变形规律；②裂隙中的流体流动规律；③裂隙岩体变形及流体流动的力学模型。在岩体工程实践中，节理裂隙的变形影响着岩体的损伤破坏及渗流特性，从而影响着岩体的渗透和变形性质的变化；反过来，流体的渗透也影响着岩体裂隙的变形、开度及新裂隙的产生，这是一种相互影响的耦合关系。

1.2.4 岩体多场耦合数值模拟

随着深部岩体工程不断增多及地下能源开采不断向纵深发展，会遇到很多岩体工程损伤破坏的难题，而在破坏过程中会涉及地质力学环境复杂的多场耦合问题，如温度场（T）、渗流场（H）、应力场（M）、化学场（C）及损伤（D）等。特别是岩体裂隙（孔）中的流体随温度的变化，产生热胀、冻胀及冻岩收缩或融缩效应等效应，从而导致岩体的损伤破坏。在裂隙岩体多场耦合数值计算过程中，必须考虑渗流场与裂隙的几何特征和环境（如孔隙和裂隙的连通性，裂隙的分布特征、裂隙的开度、岩体所处的温度变化等）之间的相互影响，这种相互影响称之为裂隙岩体温度场-渗流场-应力场的耦合机制（thermo-hydro-mechanical compling mechanism）[46]，其相互作用机制如图1-2所示。

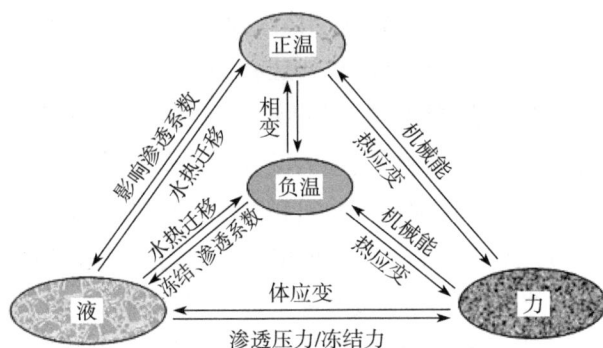

图1-2 THM三场耦合相互作用机制

刘泉声等[46]从不可逆过程热力学和连续介质力学理论出发，推导了冻结温度下岩体THM耦合控制方程。Neaupane等[47]基于连续介质力学和经典热力学理论，首次建立了无裂隙冻融岩石温度场-渗流场-应力场的耦合控制方程的一般形式。张学富等[48]把岩体看成多孔介质，建立了冻土渗流场和温度场耦合问题的三维数学模型。谭贤君等[49]建立了低温冻融条件下岩体 THMD 耦合模型，研究了寒区隧道的围岩冻胀问题涉及岩体温度场、渗流场、应力场及冻融损伤相互作用的多场耦合问题。Monsen 等[50] 考虑塑性效应，采用 Mohr-Coulomb 准则建立了 THM 耦合控制方程，并研究了多场耦合下岩体的特性变化规律。Kang 等[51] 研究了考虑时间行为的岩体冻融率函数关系。Kelkar 等[52] 采用有限单元方法，分析了深部多孔介质在温度场-渗流场-应力场的耦合作用下的变形破坏规律。刘泉声等[53] 对在 THM 耦合中考虑裂隙网络扩展演化及模拟的关键问题进行了总结，并探讨了裂隙岩体冻融损伤研究的热点和难点问题，指出数值模拟是研究深部岩体破坏损伤的重要方法。Zhang 等[54] 采用离散单元法对深部钻井的流固热耦合过程进行模拟，分析了应力场和天然裂隙分布规律对井壁稳定性影响的规律。然而，随着人们对岩体的认识水平的不断深入，人们越来越深刻地意识到：深部岩体的破坏特性及损伤演化规律往往涉及周围环境下复杂的温度场（T）、渗流场（H）、应力场（M）、化学场（C）和各种循环损伤场（D）的耦合问题。为解决该技术难题，首先必须建立考虑深部岩体损伤影响的温度、渗流、应力（THM）三场耦合模型，在 THM 三场耦合框架内探讨各种深部岩体工程围岩的破坏特性和损伤演化规律。

1.2.5　岩体力学参数的确定方法

岩体力学参数的确定一直是作为岩体力学研究的重要任务提出的。在资源开采过程中，岩体的天然节理裂隙参数、原场地应力和弹性参数等在进行资源开采、井壁稳定性分析、水力压裂优化设计、地下储层耦合地质力学模拟、地下工程设计和施工等方面是至关重要的参数，详细描述可以参考文献 [49，55-56]。其中，裂隙岩体的节理裂隙参数用来描述裂隙的应力与变形特征，原场地应力用来描述地层在没有受到任何人为活动之前的初始压应力状态，弹性参数主要用来描述岩石的应力与应变特征。

Fjær 等[57-58] 通过实验室研究，分析确定了岩石的岩体力学参数，如弹性模量、泊松比、内摩擦角、黏聚力等。Cheng 等[59] 采用物理方法获得了动态岩体力学参数，然后通过对应的数学方程把动态的参数转化为静态的岩体力学参数。基于已知的力学行为，如位移和压力。Aadnøy[60] 利用逆解法确定未知的岩体力学参数。刁心宏等[61] 提出了人工神经网络辨识岩石工程岩体力学参数的方法和步骤。冯夏庭等[62] 和赵洪波等[63] 采用多个优化算法结合的方法，进行岩体力学参数的识别。基于场地测量的位移值，Zhang 等[64-66] 采用数值模拟和反演理论相结合的方法对石油岩体力学参数进行了定量分析研究，特别是对天然裂隙特征，如裂隙刚度、裂隙间距的定量确定，其研究成果具有十分广阔的应用前景。

目前，常用来确定岩体力学参数的方法是室内外试验、地球物理测试和参数反演。对深部岩体工程而言，进行原位试验是非常困难的，一是因为工程所处位置比较深，常规的仪器设备不能进行；二是深部岩体的力学行为非线性比较明显，特别是深部岩体更为突出，这给岩体力学参数分析带来了困难。对室内试验而言，一是不容易直接从深部岩体中取出岩芯；二是在实验室很难保持原位地质力学环境状态，也就是谢和平院士曾经提出的深部岩石原位保压、保温、保质、保光、保湿，即"五保"取芯。因此，现有的岩体力学与工程理论主要是基于露头岩芯和钻探获得的普通岩芯所测数据分析建立的，忽略了不同深度原位地质力学环境（应力、温度、渗透压力等）的影响，不再精准适用于深部岩体的岩体力学参数的确定。同时，不管是室内试验还是室外试验，确定岩体力学参数，因需要投入大量的人力、物力，而且费用昂贵、耗时，不能进行岩体力学工程的全覆盖数据测试，这在很大程度上限制了试验结果的有效性及其应用范围。

总而言之，对浅部岩体损伤演化机制及岩体力学参数特征化的研究，已取得了较为丰硕的成果。但是，由于不同荷载作用下对深部裂隙岩体的损伤破坏机制研究较晚，目前国内外有关这方面的研究相对较少，因此在不同荷载作用下深部裂隙岩体的物理力学性质变化、强度损伤演化机制、液体渗流机制、稳定性评价、冻冲击力的量化描述、裂隙开裂扩展机制、深部岩层的岩体力学参数获取等都是目前亟待解决的关键问题。为此，本书主要阐明一种新的深部岩体力学参数的量化确定方法。

1.3　本书的主要研究内容

在我国深部资源已开始开发利用的形势下，为了揭示资源高效开采与环境的相互作用规律，服务地方经济的发展，本书针对裂隙岩体中资源高效开采与环境作用规律研究中存在的科学问题展开研究。对深部岩体力学参数的研究通常采用直接方法（如岩芯和切削法）和间接方法（如井筒图像法、地球物理录井法、流体录井法和温度录井法），很容易获得天然裂隙的模式和初始裂隙宽度。但是，天然裂隙的垂直和剪切刚度是采用常规方法很难甚至不可能准确地确定的，特别是裂隙的垂直刚度。然而，这 2 个岩体力学参数又是进行井筒轨迹优化设计和模拟分析裂隙地热储藏不可缺少的参数。

实际上，目前还没有一个有效的方法能定量获得天然裂隙的垂直刚度。由于受实验室条件的限制，一些研究人员采用数值模拟方法定性地反向分析天然裂隙的垂直刚度系统来研究裂隙的渗透能力与地层深度之间的关系，并提出了基于地层深度的天然裂隙垂直刚度的确定方法。综上所述可知，常规方法的局限性就在于在进行天然裂隙刚度确定时，必须事先准确测得地层的原场地应力和岩石弹性参数，并且原场地应力的方向被概括为竖直方向和水平方向，即原场地应力张量简化为 3 个分量：

- 垂直原场主应力 σ_v；
- 最小水平原场主应力 σ_h；
- 最大水平原场主应力 σ_H。

垂直原场主应力通常采用所在研究地层以上各层岩体的平均重度和上覆岩层的厚度来计算获得。但是，最大和最小水平原场主应力不能直接通过简单的计算获得。研究和工程技术人员通常采用水压致裂测试方法和基于井筒变形的反演方法来确定地层的最大和最小水平原场主应力。其他方法，如实验室岩石强度测试、原场孔隙水压力测试、有线录井数据测试和声发射等方法，在假定岩石弹性参数已知的情况下，能确定水平原场主应力。但是由于这些方法测定的水平原场主应力与实际误差比较大，它们通常作为水压致裂技术和井筒变形反演技术测定原场水平主应力的辅助方法。

在深部裂隙岩体储层中，最大水平原场主应力的确定始终是一个难点，也是一个重点，再加上天然裂隙的存在，常规水力压裂技术很难准确地、直接地进行最大水平原场主应力的确定。因此，岩体力学参数，如天然裂隙参数、原场主应力参数、弹性参数等的特征化研究仍然是一个热门课题。

本书的主要研究内容是结合试验研究、理论分析、数值模拟和人工智能等研究方法和手段，对裂隙岩体中的渗流变形开裂机制、岩体强度损伤机制、裂隙液体的迁移机制及岩体力学参数获取等方面开展研究工作，具体内容如下所述。

（1）深部岩体特征的调查分析

● 场地调研深部岩体，特别是裂隙岩体天然几何分布的规律特征、油气水地质环境的分布特征。

● 研究分析在深部储层钻井或开挖、资源开采时，岩体应力状态由原场的应力状态向开挖后的应力状态调整的特征。在围岩二次应力调整过程中，对岩体的基本力学性质发生明显变化的情况进行分析。

（2）裂隙特征研究

● 根据岩体赋存的深度，选取高应力、高渗透压力条件下的岩石试件，开展岩体的加卸载力学特性和破坏特性的试验研究。

● 基于天然裂隙岩体，制作相似模型试件，开展在高应力，高渗透压力条件下含多裂隙相似岩体在荷载作用下的物理力学特性、裂隙形成与渗流特性研究。

● 借助声发射监测或 CT 技术进行裂隙岩石，含裂隙模型试件试验过程中的裂隙起裂、扩展和裂隙网贯通形成的微细观研究。

● 探讨天然裂隙在外荷载作用下和人造裂隙之间的贯通规律，揭示深部裂隙岩体在外荷载作用下的变形破坏机制，并分析各种应力场改变引起的应力变化规律，以及岩石的损伤演化机制的异同。

（3）温度-渗流-应力-损伤（THMD）耦合数值模型研究

● 根据深部岩体介质规律，结合热力学、渗流力学、损伤力学、弹塑性力学和岩体力学等相关理论，采用有限差分法和离散单元法建立深部裂隙岩体温度-渗流-应力-损伤多场耦合效应非线性特征的地质力学数值模型。

● 基于工程实际建立地质力学模型，模拟研究深部岩体储层钻井的井壁稳定性分析、资源开采过程、多循环水力压裂人造裂隙渐进形成和贯通规律等岩体力学行为。同时，分析不同岩体力学参数情况下的岩体力学行为，并将其对应的关系数据作为机器学习样本。

（4）岩体力学参数特征化方法与应用研究

● 在岩体力学参数特征化研究方面，采用将场地测得的信息或数值模拟信息、人工神经网络模拟和遗传优化算法融为一体建立人工智能岩体力学参数预测或岩体力学参数反演方法对深部岩体的岩体力学参数进行定量分析。

● 监测实际工程中的场地数据，如地面位移、井筒变形和井底压力等场地变化的监测信息，基于人工神经网络模型预测和场地监测信息，建立遗传优化算法的目标函数关系，进行岩体力学参数特征化。

● 通过对人工智能模型的结果和识别的岩体力学参数结果进行分析，验证人工智能岩体力学参数特征化模型所识别的岩体力学参数的有效性和准确性。

● 推广该项技术到实际工程中进行应用。

1.4 拟解决的关键问题

根据国内外研究现状和国际学科前沿，基于以前的研究基础，以深部资源高效开发利用过程中的深部开采岩体为研究对象，通过力学、地学、工程科学、信息科学和人工智能的交叉综合分析，系统研究深部资源开发利用引发的岩体力学问题，形成了深部开采岩体应力场探测理论和方法，提出了深部岩体力学参数获取新方法。根据这一主题，提出拟解决的关键科学问题如下。

（1）深部工程建设和开采岩体的应力场分布特征

通过岩石试件和相似模型试件在不同荷载作用下的试验分析，借助声发射监测、CT 技术和各种交叉学科的理论，确立深部岩体的损伤破坏、裂隙起裂、延伸、变形破坏规律，为建立裂隙岩体的地质力学模型提供依据。

（2）深部岩体的物理力学特征

根据试验结果，导出深部岩体温度-渗流-应力-损伤多场耦合的控制方程，构建不同荷载作用下的应力求解模型、深部岩体破坏和裂隙起裂、扩展的力学机制，为裂隙萌生、扩展、贯通和损伤演化破坏研究这一关键问题提供理论依据。

（3）深部岩体的多场耦合作用机制

数值模拟是研究裂隙岩体损伤破坏的重要方法，因此，本项目拟解决的又一个关键科学问题是在宏观层面上建立能描述裂隙网络演化规律和裂隙岩体温度-渗流-应力-损伤多场耦合效应非线性特征化地质力学数值模型。通过数值方法模拟程序模拟分析裂隙岩体的变形破坏机制，同时确定不同地质力学参数下的深部岩体的各种力学行为，认识深部工程岩体在荷载作用下的损伤演化机制，这为进行深部岩体工程建设的稳定性评价提供了理论依据。

（4）深部岩体的岩体力学参数特征化

● 基于不同的实际工程背景，建立对应的深部岩体地质力学数值计算模型，模拟不同岩体力学参数情况下的岩体力学行为，并将与其对应的关系数据组合构成人工智能岩体力学参数特征化机器学习样本。

● 采用信息监测技术对所在的实际工程现场的场地信息数据进行收集整理，如地面位移、井筒围岩变形和水力压裂时的井底压力等场地变化信息，构成人工智能岩体力学参数特征化机器学习样本或人工智能岩体力学参数反演的输入参数。

● 建立人工智能岩体力学参数识别优化模型，并完成语言编程。其中，将人工智能岩体力学参数特征化反演模型与现场监测技术所监测到的信息相结合，建立遗传优化算法的目标函数关系，并采用构建的学习样本对深部岩体的岩体力学参数模型进行训练学习。

● 利用优化搜索算法的全局优化搜索能力进行岩体力学参数特征化，同时利用将识别的岩体力学参数代入数值模型中，模拟与其对应的力学行为，对比监测到的场地力学行为与模拟获得的力学行为的方法来解决无法验证识别的岩体力学参数的准确性和有效性的问题。

● 深部岩体的岩体力学参数量化方法推广，为深部裂隙岩体工程优化设计、施工、维护、评价等应用提供理论指导和科学依据。

第2章 深部岩体力学概念及特性分析

随着世界经济和社会的迅速发展，不管是资源开发利用还是地下工程建设都在不断走向地球的深部。当今煤炭开采深度已达 2000 m，地热开采深度超过 3000 m，有色金属矿开采深度超过 4350 m，油气资源开采深度达 10 000 m。另外，我国的八达岭长城站最大埋深 102 m，比 30 层楼还高，创造了 4 项全国之最，是总建筑面积达 49 500 m² 的暗挖高铁地下车站，其中地面站房 9000 m²，地下站房 40 500 m²。但是深部资源开发和地下工程建设往往伴随着重大灾害事故的发生，难以有效预测与防治，这给深部资源的安全高效开发和地下工程建设造成了巨大威胁。何满潮院士等[1] 及谢和平院士等[4] 指出推动深部岩体力学研究进步的首要任务是弄清楚这几个方面的内容：深部是什么？多深算是深部？经典力学理论能否描述深部岩体力学行为？浅部岩体力学研究方法能否直接应用到深部岩体工程中？深部的高地温、高地应力、高水压、多裂隙等是如何影响深部资源开发与存储、CO_2 与核废料地质处置、地下工程安全建设等重大工程的？为此，本书针对深部岩体工程的研究，通过整理资料和理论分析，对深部和深部工程的概念及评价体系进行科学的定义，以便后面对深部岩体力学的一些共性的概念性和基础性问题进行探讨。

2.1 深部的探究和概念

2.1.1 地球深部的探测研究

根据中国地质调查局所属中国地质科学院地球深部探测中心（Sino-Probe Center Affiliated to China Geological Survey and Chinese Academy of Geological Sciences）介绍，自 20 世纪 80 年代以来，我国比较系统地开展了地球深部探测技术和深部岩石圈调查研究（岩石圈三维结构调查专项）并取得了一系列研究成果，积累了丰富的深部探测数据。2008 年，国土资源部在财政部和科技部的共同支持下，启动了"深部探测技术与实验研究"专项（简称"深部探测专项-SinoProbe"），专项总经费 11.17 亿元，研究计划年限为期 4 年（2008—2012 年），即"地壳探测工程"的培育性计划项目。为继续完成该项目，在 2013—2014 年又续拨专项经费 1.37 亿元，总经费达到12.54 亿元。专项实施对发展现代深部探测技术方法体系起到了积极的推动作用，为我国深部矿产资源的开发利用、地质灾害预测和预报、环境治理和保护构建了知识创新宝库，为我国资源环境重大问题提供了强大的科技支撑。图 2-1 由中国地质科学院提供，包括地面的电、磁、震探测，以及地下的深部钻探取样探测，展示了中国深部探测的三维立体无人机航磁探测技术。

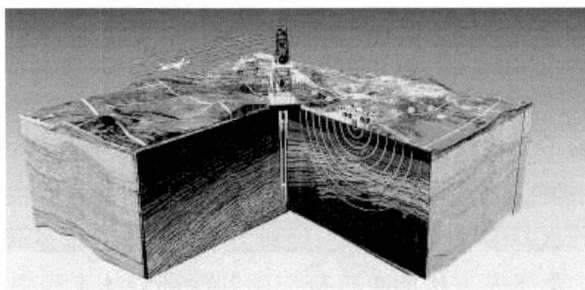

图 2-1 深部探测的三维立体无人机航磁探测（中国地质科学院供图）

地球内部作为一个复杂的高温高压系统，其内部物质在经历了几十亿年的高温和高压物理化学作用后，演化并形成了当前的地球层圈结构，如图 2-2 所示[66]。地球包括地壳（岩石圈）、地幔、外核和内核 4 个层圈结构，地壳的厚度为 5~100 km，地幔的厚度约为 2700 km，地幔顶部和地壳组成的固体岩石圈，其厚度大约为 200 km[4]。根据董树文教授的描述，即使是超深钻探，即目前人类的直接钻探最大深度不到 14 km，相对于约6370 km 的地球半径，这个深度只是地球的表皮，相当于地球半径的千分之二左右[67]。

因此，深部是什么？究竟多深才能称之为"深部"，"极深"又是指多深？地学界尚无一个完全统一的标准或明确的规定，各国之间也没有一个统一的标准或明确的规定。深部岩体可能存在着不同于浅部岩体的物理力学特性和地质力学本构行为。目前，岩体和岩体力学理论的发展能否有效地指导人类深部岩体工程的实践活动，人们还缺乏深入的了解，一些有关深部的基本概念和基本理论还需要去探索。另外，一些深部的参数确定和深部的地质

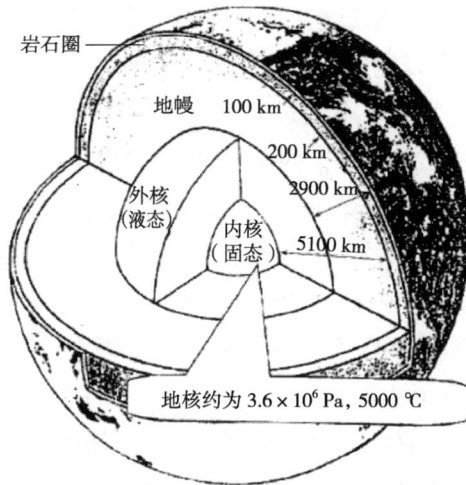

图 2-2　地球的层圈结构[67]

灾害防治也亟须探究清楚深部的地质力学环境，如地质环境、地震环境、压力环境、化学环境、温度环境和微生物环境，这样才能有效地指导资源和能源的开发与存储、深部空间工程、CO_2 与核废料地质处置等重大工程的建设。我国目前建成的最深的深井地球物理观测仪，位于江苏省东海县，其观测深度大约 5158 m，是目前我国最深的深井地球物理长期观测站，也是我国第一个无地面干扰的深井地震地球物理长期观测站。深井长期观测包含：①直接监视岩石圈内的物理力学特性变化情况；②监视岩石圈的地壳运动。这样就能准确地对大陆内陆板块造山带运动、地球物理场的变化等一系列活动进行研究，为我国的资源开发、环境变化、地震地质灾害预防、地震发生机制等提供科学依据。

2.1.2　深部的概念

通常情况下，深部的标准应该与地质条件、水文条件、钻探技术水平、钻探装备水平、工程压力显现特征、行业标准等因素有关，如我国软岩矿井开采深度达 600 m 以上就被认为是深部开采；波兰和英国矿井的开采深部标准是 750 m；南非、俄罗斯、乌克兰、加拿大等采矿业相对比较发达的国家一般将矿井开采深度为 800~1200 m 的称作深部开采；装备技术相对发达的德国也将矿井开采深度为 800~1200 m 的称作深部开采，同时将 1200 m 以上的开采叫作超深开采；我国金属和有色金属矿山的深部开采一般定为 1000~2000 m。

在石油工程中，深部油气藏又叫深层油气藏，关于"深部"概念的判别标准就更不统一了，有以地层年代来划分的，有按油气储层的渗透率、孔隙率、温度来确定的，如渗透率超过 $0.5 \times 10^{-3} \sim 1.0 \times 10^{-3}$ μm^2 或孔隙度超过 10% ~ 12% 或温度超过 120 ~ 150 ℃的储层叫作深部储层[68]。但是，大多数研究人员和工程技术人员还是更倾向于按开采深度来进行判别，有些学者将井深达 2500 m 的油气井称为深井，有些学者将井深大于 3500 m 的油气井称为深井，有些学者将井深大于 4000 m 的油气井称为深井，还有些学者则将井深大于 4500 m 的油气井称为深井[68]。国土资源部 2005 年颁布了划分标准，规定我国东部盆地以 3500 m 为深部界限，西部盆地以 4500 m 为深部界限。

上述对深部的各种界定或定义有效地推动了深部岩体工程的发展，但这种以具体工程为指标的定义，在工程应用中具有局限性。例如，有的工程岩体在定义的同一深度区间所对应的地层温度、孔隙度、溶水压力、地应力等环境特性会表现出深部岩体所特有的物理力学现象，而有的工程岩体在定义的同一深度区间未必会出现深部岩体所特有的物理力学现象。因此，对于"深部"的定义必须科学化，将复杂的地质问题、力学问题和地学问题等密切联系起来，综合反映深部的岩体属性、赋存环境特征和应力水平等内容，从深部的科学现象入手进行界定或定义。

2.1.3 深部的定义

针对传统"深部"界定的局限性，我国专家如钱鸣高院士、钱七虎院士、蔡美峰院士、谢和平院士、何满潮院士等，在对深部工程多年的研究基础上，对"深部"概念进行了深入的探讨，从而极大地促进了国内外在该领域理论与技术研究上的发展及交流。当然，针对深部工程岩体所处的"三高一扰动"的特殊地质力学环境，对深部进行科学的定义，建立完善的概念和评价指标体系，是推动深部岩体力学基础理论研究的当务之急，也将是深部岩体工程建设和发展需要解决的基本问题。

在各种深部定义的基础上，我国"深部岩体力学基础研究与应用"项目的有关专家，经过多年对深部岩体工程中的科学问题和浅部岩体工程中的科学问题的深入研究和比较，发现并总结了深部岩体特有的工程特性和规律，指出"深部"的定义应该是一个与地球物理、地球化学、地质力学等有密切关系的复杂地质力学问题[1]。最终，他们统一了认识，提出了"深部"的科学定义，即深部是随着开采深度的增加，工程岩体开始出现非线性力学现象的深度及其以下的深度区间。非线性力学现象是指软岩工程岩组的非线性大变形现象和硬岩工程岩组的冲击地压、岩爆等非线性动力学现象。另外，还将位于该深度区间的工程称为深部工程。深部工程岩体是在深部工程钻探和开挖等人为活动扰动力影响范围下的岩体。

谢和平院士等[4,69] 指出"深部"是金属开采、油气开发、煤炭开采、CO_2 封存、能源存储、核废料处理、隧道工程等地下岩体工程领域中广泛使用的词语，以研究深部岩体地质力学环境特征与力学行为为主。因此，他们提出了深部力学定义，并指出深部不等于深度，而是一种力学状态，应该从力学角度对深部的界定进行一个机制性的、定量化的描述。以煤岩为例，应用力学的语言将深部的力学定义描述为如下四大特征[4]。

①地应力状态由构造应力主导转变为两向或三向等效受力状态，这是深部的基本的、典型的特征。

②随着深度的增加，岩体完成由强度或刚度低到产生塑性或脆性的大变形的转变，这是走向深部的第一临界特征。

③随着深度的进一步增加，工程的围岩就会达到弹性极限和破坏强度，围岩在高应力和高应变能作用下将诱发岩体的动力灾害，致使工程无法进行正常施工和维护，这是深部开采或工程建设的第二个临界特征。

④当开采进入超深部时，深部应力场的应力将使深部围岩发生大变形，并延伸到一定范围产生塑性流动，致使周边的围岩出现大范围的突然失稳、坍塌等动力失稳现象，这是深部开采或工程建设的第三个临界特征。

2.2　临界深度的定义方法及判别准则

2.2.1　临界深度的定义

从上述一系列关于"深部"和"深部工程"的概念描述可以看出，虽然深部的概念不能以具体的工程深度为指标进行定义，但是"深部"和"深部工程"的定义还是应该存在于地下的某一"深度"范围，以便正确认识深部工程，预先对其问题采取有效的控制对策。因此，在深部概念的基础上，就有了"临界深度"这一定义。"临界深度"被定义为工程随深度的增加，工程岩体开始出现非线性力学现象的深度称之为临界深度（D_{cr}）[70]。其中，非线性物理和力学现象开始出现的深度称之为第一临界深度，也叫上临界 D_{cr1}；冲击地压、岩爆、大变化等非线性物理和力学现象频繁出现的深度称之为第二临界深度，也叫下临界 D_{cr2}。归纳起来，临界深度是采用常规的钻探技术、设备、围岩维护技术、施工工艺等已不能够对岩体进行钻探、开挖、有效控制等作业的这一深度，在这一工程区间的工程岩体，传统的岩体力学理论、方法与技术部分失效或全部失效，而需要寻求符合这一特定工程区间的工程岩体渗流、变形破坏特征的新理论、新方法、新工艺、新技术等来解决。

2.2.2　临界深度的计算

2.2.2.1　临界深度力学计算模型

随着地下工程深度的增加，被扰动的工程岩体的应力状态、应力水平及岩体力学性质都发生了变化，其中工程所处的应力水平将会越来越高。对工程岩体开挖而言，当地下工程所处的岩体达到某一特定的应力水平时，钻探或者开挖的地下工程围岩就会进入弹性向塑性变形破坏的转折点，把这一围岩破坏的临界点所对应的地下深度叫作临界深度 D_{cr}。根据地下工程开挖的应力状态对临界深度进行确定的力学计算模型，图 2-3 为临界深度地质力学计算模型。

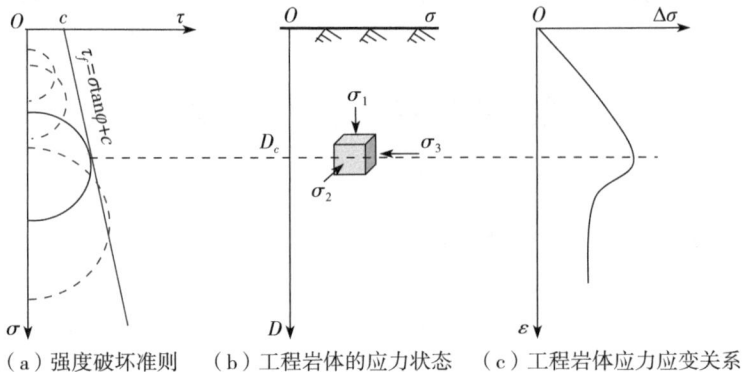

（a）强度破坏准则　　（b）工程岩体的应力状态　　（c）工程岩体应力应变关系

图 2-3　临界深度地质力学计算模型

图 2-3（a）是岩石的强度破坏准则，假定采用莫尔-库仑（Mohr-Coulomb）

破坏准则，则有

$$\tau_f = \sigma \tan\varphi + c, \qquad (2-1)$$

式中，τ_f 是深部临界点所承受的等效剪切应力水平（MPa），φ 是岩石的内摩擦角（°），c 是岩石的黏聚力（MPa），σ 是围岩岩体破裂面上的法向应力（MPa）。

图 2-3（b）是地下层中某点的应力状态，由于深部的基本典型特征是工程岩体在开挖后所处的地应力状态由构造应力主导转变为两向等效受力状态（$\sigma_2 = 0$），所以临界点周边承受的等效应力状态可以表示为：

$$\sigma = \frac{\sigma_1 + \sigma_3}{2}, \qquad (2-2)$$

式中，σ_1 是最大主应力，σ_3 是最小主应力。

图 2-3（c）是应力增量与应变之间的关系，即应力软化模型。根据畸形能密度理论（第四强度理论），深部地下工程在开挖前所处的地应力状态为三向等效受力状态，所以临界点所承受的等效剪切应力水平为：

$$\tau_f = \sqrt{\frac{1}{6}\left[(\sigma_1 - \sigma_2)^2 + (\sigma_2 - \sigma_3)^2 + (\sigma_3 - \sigma_1)^2\right]} \, 。 \qquad (2-3)$$

2.2.2.2　深部工程岩体所处的应力特征

地下工程岩体总是处于地下应力场中，在漫长的地质年代里，由于地温、地球化学、地质构造运动等因素使地壳物质产生了内应力效应，又由于该应力效应存在于地壳中，且是未受工程扰动的天然应力，所以称为地应力，也称岩体初始应力、绝对应力或原场应力。地应力广义上也指地球内部的应力，主要包括由地热、重力、地球自转速度变化及其他因素产生的应力，主要由构造应力和上覆岩层的自重应力构成，可以通过扁千斤顶法、水压致裂法、刚性包体应力计法等直接方法，以及应力解除法、应变解除法、地质测绘法、压力和位移反分析法等间接方法进行测定。Hoek 等[71] 提出了估算最大水平主应力、最小水平主应力与垂直主应力的比值 κ 的表达式：

$$\frac{100}{h} + 0.3 \leqslant \kappa \leqslant \frac{1500}{h} + 0.5, \qquad (2-4)$$

式中，h 是地下工程的埋置深度（m），κ 是水平主应力和垂直主应力的比值（无量纲）。

从上述式子可以看出，当地下工程的埋深足够大时，水平主应力和垂直

主应力的比值 κ 的取值范围是 0.3~0.5，这与实际情况并不完全相符合。

图 2-4 是对世界 30 多个国家和地区构造应力集中系数分布的统计[4]，该图的应力集中系数是最大水平主应力、最小水平主应力与垂直主应力的比值，本书分别用 κ_1 和 κ_2 来表示。从图中可以看出，当工程岩体埋深小于或等于 1000 m 时，最大水平主应力和垂直主应力的比值 κ_1 大多数在 2~16，最小水平主应力和垂直主应力的比值 κ_2 大多数在 0~4，构造应力占主导地位。当工程岩体的埋深在 1000~3500 m 时，最大水平主应力和垂直主应力的比值 κ_1 的取值为 1~3，最小水平主应力和垂直主应力的比值 κ_2 的取值为 0.2~1.0。当工程岩体的埋深大于 3500 m 时，最大水平主应力、最小水平主应力和垂直主应力的比值 κ_1 和 κ_2 的取值均逐渐趋于 1.0，这一结果意味着深部工程岩体将处于趋于静水压力状态。因此，深部岩体工程的应力状态的基本典型特征是随着深度的增加，原场应力状态将从浅部的构造应力主导逐渐向静水压力状态转变。

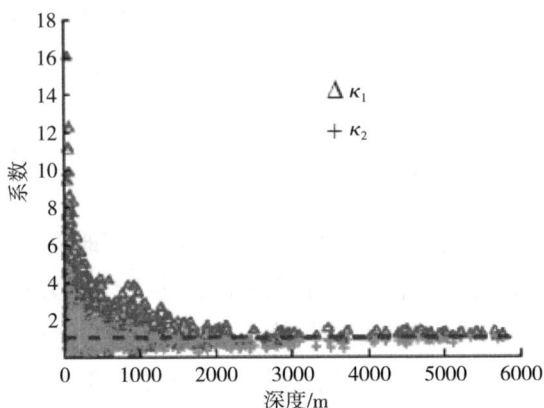

图 2-4　世界 30 多个国家和地区的构造应力集中系数分布[4]

2.2.2.3　构造应力场作用下的临界深度 D_{cr} 的计算

地下工程岩体是受构造应力和重力联合作用的，其临界深度 D_{cr} 的计算，随着构造应力的变化也有一定变化。现假定三向等效应力状态如下：

$$\begin{cases} \sigma_v = \gamma h, \\ \sigma_{H1} = \kappa_1 \gamma h, \\ \sigma_{H2} = \kappa_2 \gamma h, \end{cases} \tag{2-5}$$

式中，σ_v 是深部工程承受的垂直主应力（MPa）；σ_{H1} 和 σ_{H2} 是深部工程岩

体所承受的水平主应力（MPa）；κ_1 和 κ_2 是构造应力集中系数，即水平应力与垂直应力之间的关系系数；γ 是上覆盖岩层的平均重度（kN/m^3）；h 是地下工程的开挖深度（m）。

此时，根据工程所处的不同应力状态，来进行临界深度 D_{cr} 的计算。

第一种情况是沿着垂直（σ_v）方向开挖或钻探。根据开挖或钻探后一点应力状态变化结果，可以得到竖直井周边所承受的等效应力：

$$\begin{cases} \sigma_v = 0, \\ \sigma_{H1} = \kappa_1\gamma h = \sigma_1, \\ \sigma_{H2} = \kappa_2\gamma h = \sigma_3, \end{cases} \tag{2-6}$$

式中，σ_1 和 σ_3 分别是深部工程岩体所承受的最大和最小水平主应力（MPa）。

将式（2-6）代入式（2-2）和式（2-3）中，由于开挖后 $\sigma_2=0$，可得：

$$\sigma = \frac{\sigma_{H1}+\sigma_{H2}}{2} = \frac{\kappa_1\gamma h+\kappa_2\gamma h}{2}, \tag{2-7}$$

$$\begin{aligned} \tau_f &= \sqrt{\frac{1}{6}\left[\sigma_{H1}^2+\sigma_{H2}^2+(\sigma_{H2}-\sigma_{H1})^2\right]} \\ &= \sqrt{\frac{1}{3}(\sigma_{H1}^2+\sigma_{H2}^2-\sigma_{H2}\sigma_{H1})} \\ &= \sqrt{\frac{1}{3}\left[(\kappa_1\gamma h)^2+(\kappa_2\gamma h)^2-\kappa_1\kappa_2(\gamma h)^2\right]} \\ &= \gamma h\sqrt{\frac{1}{3}(\kappa_1^2+\kappa_2^2-\kappa_1\kappa_2)} \,. \end{aligned} \tag{2-8}$$

将式（2-7）代入式（2-1），可得：

$$\begin{aligned} \tau_f &= \frac{\kappa_1\gamma h+\kappa_2\gamma h}{2}\tan\varphi+c \\ &= \frac{\kappa_1+\kappa_2}{2}\gamma h\tan\varphi+c, \end{aligned} \tag{2-9}$$

由于式（2-8）和式（2-9）相等，因此可以得到当沿着垂直方向开挖或钻探时，在构造应力作用下，钻探后的地下工程临界深度计算公式为：

$$D_{cr} = h = \frac{c}{\gamma\sqrt{\dfrac{1}{3}(\kappa_1^2+\kappa_2^2-\kappa_1\kappa_2)}-\dfrac{\kappa_1+\kappa_2}{2}\gamma\tan\varphi} \,. \tag{2-10}$$

举例说明：地下工程处于坚硬岩体中，取地下工程一点的上覆盖岩体平

均重度 γ 为 27 kN/m³，κ_1 和 κ_2 分别取 3 和 0.3，岩石的内摩擦角 φ 取 30°，岩石的黏聚力 c 取 30 MPa①，通过上述式子，可得工程的临界深度 $D_{cr} \approx$ 1588.11 m，即临界深度大约为 1588.11 m。这一计算结果可以用来初步判断钻探或开挖的深度是否进入深部区域，如果地下工程需要很准确地确定出该区域是否进入深部，还需要结合应力状态、地温条件、地质力学环境等进行工程评价来判断。

第二种情况是沿着水平应力（σ_H）方向开挖或钻探。1975 年，南非学者 N. C. Gay 以实测数据提出的临界深度概念，并对地下工程临界深度进行量化[72-74]。该理论认为在临界深度以上，水平应力应该大于垂直（竖向）应力；在临界深度以下，水平应力应该小于垂直（竖向）应力（$\sigma_v > \sigma_H$）。假设垂直应力在三向应力状态中为最大主应力，对不同水平开挖方向的临界深度进行分析，主要包括 2 种情况：

（1）研究沿水平（σ_{H2}）方向开挖或钻探的情况

开挖后，由于 $\sigma_{H2}=0$，此时根据开挖或钻探后一点应力状态变化结果，可以得到开挖后周边所承受的等效应力。设：

$$\begin{cases} \sigma_v = \sigma_1, \\ \sigma_{H1} = \kappa_1\gamma h = \sigma_3, \\ \sigma_{H2} = \kappa_2\gamma h = 0, \end{cases} \tag{2-11}$$

式中，σ_1 和 σ_3 分别是深部工程岩体所承受的最大和最小水平主应力（MPa）。

将式（2-11）代入式（2-2）和式（2-3）中，可得：

$$\sigma = \frac{\sigma_v + \sigma_{H1}}{2} = \frac{\gamma h + \kappa_1\gamma h}{2}, \tag{2-12}$$

$$\begin{aligned}\tau_f &= \sqrt{\frac{1}{6}[\sigma_v^2 + \sigma_{H2}^2 + (\sigma_{H2}-\sigma_v)^2]} \\ &= \sqrt{\frac{1}{3}(\sigma_v^2 + \sigma_{H1}^2 - \sigma_{H1}\sigma_v)} \\ &= \sqrt{\frac{1}{3}[(\gamma h)^2 + (\kappa_1\gamma h)^2 - \kappa_1(\gamma h)^2]} \\ &= \gamma h\sqrt{\frac{1}{3}(1 + \kappa_1^2 - \kappa_1)}, \end{aligned} \tag{2-13}$$

① 注：30 MP = 3×10⁴ kN/m²。

将式（2-11）代入式（2-1）中，可得：

$$\tau_f = \frac{\gamma h + \kappa_1 \gamma h}{2}\tan\varphi + c$$

$$= \frac{1 + \kappa_1}{2}\gamma h \tan\varphi + c。 \tag{2-14}$$

由于式（2-13）和式（2-14）相等，可得沿水平（σ_{H2}）方向开挖或钻探时，在构造应力作用下开挖或钻探后地下工程临界深度计算公式为：

$$D_{cr} = h = \frac{c}{\gamma\sqrt{\frac{1}{3}(1 + \kappa_1^2 - \kappa_1)} - \frac{1 + \kappa_1}{2}\gamma\tan\varphi}。 \tag{2-15}$$

举例说明：当沿水平 σ_{H2} 开挖或钻探时，仍然可以采用上述例子的数据，进行在构造应力作用下开挖或钻探后的地下工程临界深度的计算。即 $\gamma = 27\,000$ kN/m^3，κ_1 和 κ_2 分别取 3 和 0.3，$\varphi = 30°$，$c = 30$ MPa 时，由式（2-14）可得 $D_{cr} \approx 3032.23$ m，此时，可以算出临界深度约为 3032.33 m。这个结果与沿竖直（σ_v）方向开挖或钻探时所计算的临界深度 $D_{cr} \approx 1588.11$ m 相比，其值明显大了很多，这也说明地下工程的临界深度并非一个定值，而是一个量化范围。

（2）研究沿水平（σ_{H1}）方向开挖或钻探的情况

开挖后，由于 $\sigma_{H1} = 0$，此时，根据开挖或钻探后一点应力状态变化结果，可以得到开挖后周边所承受的等效应力：

$$\begin{cases} \sigma_v = \sigma_1, \\ \sigma_{H1} = \kappa_1\gamma h = 0, \\ \sigma_{H2} = \kappa_2\gamma h = \sigma_3, \end{cases} \tag{2-16}$$

式中，σ_1 和 σ_3 分别是深部工程岩体所承受的最大和最小水平主应力（MPa）。

如上述推导方法和过程，可以得出在构造应力场作用下，沿水平（σ_{H1}）方向开挖或钻探时，地下工程的临界深度为：

$$D_{cr} = h = \frac{c}{\gamma\sqrt{\frac{1}{3}(1 + \kappa_2^2 - \kappa_2)} - \frac{1 + \kappa_2}{2}\gamma\tan\varphi}。 \tag{2-17}$$

举例说明：当沿水平（σ_{H1}）方向开挖或钻探时，仍然取 $\gamma = 27\,000$ kN/m^3，κ_1 和 κ_2 分别取 3 和 0.3，$\varphi = 30°$，$c = 30$ MPa，进行在构造应力作用下开挖或钻探后的地下工程临界深度计算。由式（2-17）可得

临界深度 $D_{cr} \approx 7412.25$ m，即临界深度约为 7412.25 m。这个结果与上述所计算的 2 个结果相比，其值明显更大，这也进一步验证了地下工程的临界深度并非一个定值，其范围应该为 1500～7500 m。

从上述推导的结果可以看出，地下工程临界深度的计算与上部覆盖岩层的重度、岩体的内摩擦角、黏聚力和应力集中系数有直接的关系；开挖和钻探的方向不同，地下工程的临界深度也会有所差别。另外，当上部覆盖岩层的重度、岩体的内摩擦角、黏聚力保持不变时，由式（2-15）和式（2-17）可以知道，随着应力集中系数的变大，其临界深度量化结果将随之变小。因此，在进行地下工程开挖设计、施工和维护时，如果设计沿较大水平主应力方向开挖，可以尽量使工程不过早处于临界深度状态。

2.2.2.4 超临界深度 D'_{cr} 的确定

根据前几节对深部工程岩体所处的应力特征的分析可知，在深部岩体工程的超临界深度 D'_{cr} 处，岩体处于静水应力状态，即 $\sigma_1 = \sigma_2 = \sigma_3$。所以，超深部岩体材料屈服面可以采用等向硬化-软化的 Drucker-Prager 屈服面进行工程岩体的屈服破坏判定。当超深部岩体处于考虑了静水压力作用下岩体已处于全塑性状态时，超深部临界深度 D'_{cr} 可以通过判断是否满足下列 2 个条件进行估算[4]：

$$D'_{cr} = \max\{h_1, h_2\} = \begin{cases} h_1, \text{满足条件 } \sigma_1 = \sigma_2 = \sigma_3 \text{ 或 } \kappa_1 = \kappa_2 = 1, \\ h_2, \text{满足条件 } f = \alpha I_1 + \sqrt{J_2} - H = 0, \end{cases} \quad (2\text{-}18)$$

式中，I_1 是应力张量 σ_{ij} 的第一不变量，即 $I_1 = \sigma_1 + \sigma_2 + \sigma_3$；$J_2$ 是应力偏张量（第二不变量）s_{ij}：

$$J_2 = \frac{1}{6}\left[(\sigma_1 - \sigma_2)^2 + (\sigma_2 - \sigma_3)^2 + (\sigma_3 - \sigma_1)^2\right], \quad (2\text{-}19)$$

式中，α 和 H 是材料常数，如图 2-5 所示，与莫尔-库仑屈服准则的内摩擦角 φ 和黏聚力 c 有关，具体表达式为：

当 Drucker-Prager 屈服面与库仑六边形的外顶点重合时，可得：

$$\alpha = \frac{2\sin\varphi}{\sqrt{9 - 3\sin^2\varphi}}, \quad H = \frac{6c \cdot \cos\varphi}{\sqrt{9 - 3\sin^2\varphi}}\text{。}$$

当 Drucker-Prager 屈服面与库仑六边形的内顶点重合时，可得：

$$\alpha = \frac{2\sin\varphi}{\sqrt{9 + 3\sin^2\varphi}}, \quad H = \frac{6c \cdot \cos\varphi}{\sqrt{9 + 3\sin^2\varphi}}\text{。}$$

当 Drucker-Prager 屈服面与库仑六边形的内部相切时，可得：

$$\alpha = \frac{\sin\varphi}{\sqrt{9 + 3\sin^2\varphi}}, \ H = \frac{3c \cdot \cos\varphi}{\sqrt{9 + 3\sin^2\varphi}}。$$

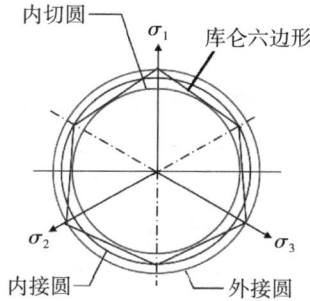

图 2-5　屈服面在主应力空间的截切圆面

当地下工程进入超深部时，在极高的地应力和三向压应力的作用下，围岩将发生大范围的塑性流动，其尺度量级甚至超过工程的开挖和钻探作业的空间尺度，致使开挖工程岩层的动力灾害将极难控制，这已经超出了目前人们对地下资源和地下工程安全建设的大规模开挖建设的基本认知，成为人类开挖活动的禁区。

2.3　深部工程的评价体系

深部地下工程随着开挖或钻探深度的增加，工程岩体产生的非线性力学问题将越来越复杂。为了对地下深部工程的非线性问题和工程稳定性控制难易有一个客观的评价，参考文献［70］采用难度系数和危险系数 2 项指标对工程稳定性控制难度进行评价。

2.3.1　难度系数

难度系数（F_d）是指地下工程所处的地面以下深度与该工程岩体深部的临界深度之间的比值，即

$$F_d = \frac{D}{D_{cr}}, \tag{2-20}$$

由于实际工程岩体通常有软岩工程和硬岩工程之分，所以难度系数根据不同

的工程岩体性质，又可以作出如下表示：

$$\begin{cases} F_{ds} = \dfrac{D}{D_{cr1}}, \\ F_{dh} = \dfrac{D}{D_{cr2}}。 \end{cases} \tag{2-21}$$

式中，F_d 是深部工程的难度系数（无量纲），F_{ds} 是深部工程软岩难度系数（无量纲），F_{dh} 是深部工程硬岩难度系数（无量纲），D 是地下工程所处的实际深度（m），D_{cr} 是深部工程的临界深度（m），D_{cr1} 是深部工程第一临界深度（m），D_{cr2} 是深部工程第二临界深度（m）。

难度系数作为深部工程的评价指标，主要是用来对深部工程岩体的破坏难易或稳定性控制难易程度进行评价估计。工程类型不同，其评价的结果也应该有所差别，具体如下所述。

（1）软岩工程

当 $F_{ds}<1$ 时，表明地下工程所处的工程岩体变形处于线性范畴，其工程岩体的工作状态也处于线性，可以采用常规的软岩体力学理论进行工程围岩稳定性分析和采用常规方法对其变形进行控制。

当 $F_{ds}\geq1$ 时，表明地下工程所处的工程岩体处于非线性大变形工作状态，常规软岩体力学理论不能完全有效地对该工程的围岩稳定性进行分析和力学问题进行求解，需要采用深部岩体工程的方法进行工程围岩稳定性力学问题的求解。

（2）硬岩工程

当 $F_{dh}<1$ 时，表明地下工程所处的工程围岩岩体变形处于线弹性工作状态，可以采用常规的理论方法进行工程围岩稳定性分析和变形控制。

当 $F_{dh}\geq1$ 时，表明地下工程将进入冲击地压、岩爆等非线性物理和力学现象频繁出现的深度，非线性动力学灾害将会产生，常规的理论已无法解决其非线性力学问题，常规的理论方法也将不能有效地进行工程围岩稳定性分析和变形控制。

2.3.2 危险系数

危险系数（F_γ）是指地下工程岩体以上覆岩的自重与地下工程所处的岩体强度的比值，即单位强度受的深部自重应力荷载：

$$F_\gamma = \frac{\gamma D}{\tau_f}。 \tag{2-22}$$

式中，γ 是地下工程以上覆岩层的平均重度（kN/m^3），D 是地下工程的埋深（m），τ_f 是地下工程所处工程岩体的强度（MPa）。

危险系数作为深部工程的评价指标，一是对地下工程的深度进行分类，如 $F_\gamma \in (1.0，2.0]$ 是较深、$F_\gamma \in (2.0，3.0]$ 是超深和 $F_\gamma > 3.0$ 是极深；二是通过和难度系数一起用来对深部工程岩体的稳定性控制难易程度进行评价估计。工程类型不同，其评价的结果也应该有所差别：

当 $F_\gamma \leqslant 1$ 时，和难度相似，也是表明工程岩体处于线性工作状态，该工程岩体通常不会产生非线性动力学灾害现象。

当 $F_\gamma > 1$ 时，表明地下工程所处的工程岩体已部分或绝大部分处于非线性工作状态，将会产生非线性动力学灾害现象。与此同时，危险系数越大，说明地下工程的工程岩体越容易产生冲击地压、岩爆、大变形等非线性问题，动力学灾害越严重。

举例说明：在某煤矿的开采过程中，通过测试知道该深部工程的第二临界深度 $D_{cr2} = 700$ m，当其开采深度 D 达到 1100 m 时，工程以上覆岩层平均重度 $\gamma = 24$ kN/m^3，测得工程岩体强度 $\tau_f = 15$ MPa。按照上述所给出的深部工程评价指标，可以算得难度系数 $F_{dh} = 1.57$，危险指数 $F_\gamma = 1.76$，由此说明，所得到的难度系数和危险指数结果是相差不大的。因此，采用难度系数和危险指数来评价深部工程围岩稳定性控制的难易程度，能够综合反映深部工程岩体的力学特性与工程特性。

2.4　深部工程的常见问题和稳定性的控制方法

虽然目前岩体力学工程的活动已经逐渐走向岩层深部，但是岩体力学与工程的研究方法和理念仍大都沿用传统的弹塑性力学理论，采用传统的三轴实验方法进行研究。然而，深部岩体力学常常出现异于常态的力学行为，人们对极深部的岩体物理力学性质和力学行为更是缺乏深入的研究。

2.4.1 理论分析法

由于深部岩体工程所处的岩体组织结构、物理力学特征、基本力学行为、地质水文力学环境和工程响应等都发生了根本性变化，导致在深部工程开挖和建设的过程中，灾变事故经常出现突发性和多发性等特点。因此，深部岩体工程的研究，应该以复杂的应力状态下岩体的强度、表现出的损伤、变形破坏、能量耗散和释放规律、热流固化多场耦合作用等一系列特殊力学行为为将来的研究核心和重点。因此，所采用的稳定性控制理论和方法不能采用线弹性理论设计，必须建立适合深部开挖工程的二次以至更复杂的多次非线性大变形力学稳定性控制理论进行稳定性控制设计。表 2-1 是基于难度系数所给出的深部工程稳定性设计方法和工程围岩控制对策[1]。

表 2-1　深部工程稳定性设计方法和工程围岩控制对策

难度系数	变形特点	围岩的稳定性	设计方法	工艺技术对策
<0.8	小变形	稳定	常规参数的设计	常规支护设计
[0.8, 1.2)	中变形	亚稳定	非线性大变形设计（力学对策设计、过程优化设计、参数优化设计）	锚网支护设计
[1.2, 1.5)	大变形	不稳定		锚网索支护设计
[1.5, 2.0)	大变形	很不稳定		锚网索耦合支护设计
≥2.0	大变形	很不稳定		加强耦合支护设计

2.4.2 实验分析法

深部岩体所处的地应力水平比较高，简单地采用传统的岩块进行强度实验，已不能测出深部工程岩体在高地应力作用下所表现的强度特点、变形破坏特征，所以对于深部工程岩体的力学特性研究，需要建立符合深部工程开挖过程特点的岩体拉压复杂而复合的加卸载强度试验确定方法。为了模拟深部地质条件和赋存环境，需要建立深部工程岩体破坏过程模型试验技术，实现不同荷载作用下的深部工程岩体在高地温、高岩溶等深部地质力学环境下的破坏机制和工程灾变过程的模型试验研究。

2.4.3　数值计算法

岩体力学与工程数值计算方法是集应用工程地质学、岩石（土）力学、基础工程学、数学、力学及计算机科学的理论和方法于一体的计算方法。深部工程的数值计算主要是利用数值分析的方法求解非线性、非均质、各向异性或边界几何形状与荷载较复杂的大变形岩体工程问题。20 世纪 60 年代以来，随着计算机科学的发展，数值计算法发展很快，目前较为常用的方法有：有限差分法、有限单元法、边界元法、离散元法、块体元法、无限元法、无网格法、流形元法及其混合应用等各种数值模拟技术，如图 2-6 所示。本书主要采用有限差分法（FDM）和离散单元法（DEM）进行深部工程力学行为的模拟分析。

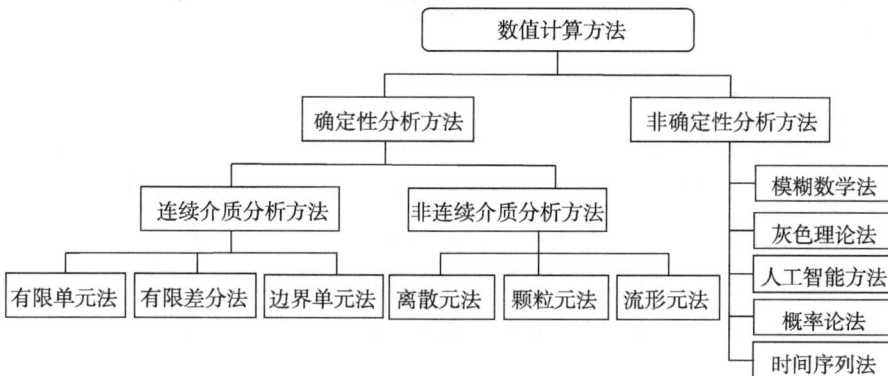

图 2-6　常用数值计算方法

2.5　深部工程岩体的特性

2.5.1　深部岩体的赋存环境

深部工程所处地质力学环境存在"三高"特性，即高地应力、高地温、高岩溶水压。由于深部岩体工程处在高地应力、高地温、高岩溶的环境中，岩石具有较强的时间效应，在高地应力、高地温、高岩溶水压的作用下，岩体表现为明显的流变或蠕变特性。因此，在进行深部地下工程的研究时，需要研究工程岩体及其围岩的长期稳定性和时间效应问题。

2.5.1.1 高地应力

深部工程岩体，由于处在地下较深位置，上层覆盖岩体的厚度一般比较大，于是对深部岩体工程和周围围岩产生的自重垂直应力自然也就较大，同时深部由地质构造运动所产生的构造应力也同样较大，所以深部岩体中将有巨大的原场地应力，这异常高的地应力场也积聚着巨大的变形能量。例如，当某煤矿矿区的深度从 500 m 跳到 1000 m 时，岩石的单轴抗压强度将从 140 MPa~200 MPa 跳到 240 MPa~300 MPa；岩石的弹性模量将从 57 MPa~67 MPa 跳到 70 MPa~80 MPa；岩体的平均密度将从 2830~2860 kg/m³ 跳到 2880~2930 kg/m³，这些参数基本上都呈现明显的增长趋势。而泊松比则是从 0.19~0.22 跳到 0.15~0.18，明显地呈线性减小。因此，岩石随着深度的增加而脆性有所提高，再加上存在巨大的变形能量，所以更容易发生岩爆。

2.5.1.2 高地温

地温随深度的增加而升高是一个普遍规律。但在不同的地区，由于地质构造、地壳结构及地下水活动等因素的不同，形成的地温梯度会有所不同。在地层浅部，受太阳辐射的影响，温度有昼夜、季节、年份等周期性变化。据测温资料的记录，越往地下深处，地温越高，其地温梯度是每 100 m 增加 2~5 ℃ 不等。图 2-7 收集的是在济宁地区机民井和煤田地质勘探过程中，

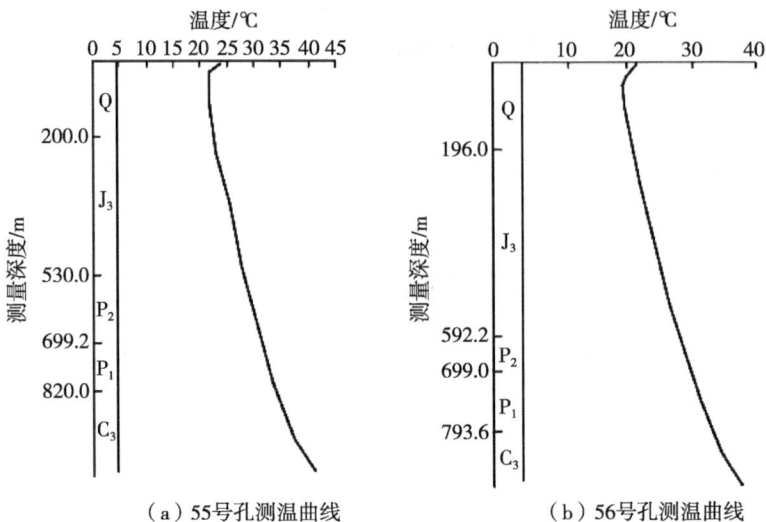

（a）55号孔测温曲线　　　　　（b）56号孔测温曲线

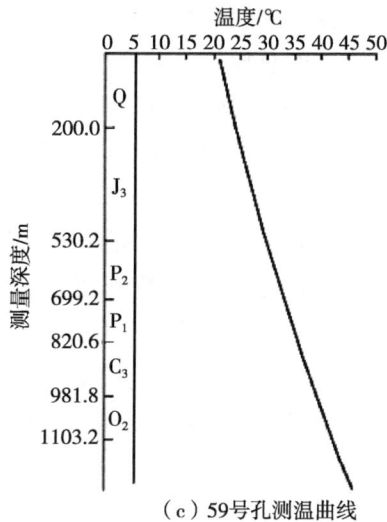

（c）59 号孔测温曲线

图 2-7 随深度增加的地温梯度变化曲线[77]

所获得的钻孔的温度随深度的增加而变化的地温梯度曲线，机民井的测量深度为 20~200 m，煤田地质井的测量深度为 600~1300 m[75-76]。

根据 55、56、59 号孔成井时系统绘制的测温曲线可以分析出该地区地温场的纵向变化特征：

①在描绘 55、56 号孔的图像中，地温呈近直线型均匀增加，地温梯度相对较低，在地温曲线出现一个突变后，测温曲线较上部斜率增大，地温梯度每 100 m 发生 3.4~3.9 ℃的变化。

②在描绘 59 号孔的图像中，测温曲线基本呈一个斜直线的趋势增加，增加的平均地温梯度是每 100 m 增加 2.6 ℃。

结果表明，地温梯度的变化与地质年代及岩层的岩性有一定的关系，该地区上层岩层以砂岩和页岩为主，岩性较稳定，富水性差，对地壳深部热能向上传导起保温隔热作用，下层以石炭系和奥陶系岩层为主，热储层较近，加之有石灰岩沉积，富水性增强，地层热导率增大，地温出现一个突变。另外，地下工程所在区内隐伏断裂构造和向背斜，对地温梯度的变化也有一定的影响。通常在断裂构造密集的地段，背斜轴部地温梯度较高。据测温资料分析[76]，在所圈定的地热异常区附近，由于断裂构造相对较密集，地温梯度值一般每 100 m 的变化是 2.2 ℃左右。在上覆层是良好盖层的石炭——二叠系的区域，岩性较稳定，而地温梯度的变化是 100 m 达 2.5~3.0 ℃；在上覆岩层以侏罗系地层为主时，地温梯度的变化通常是每 100 m 达 2.15 ℃。

总的来说，地温梯度随深度的变化而变化的规律受多种因素的影响，但是仍遵循随深度的增加而降低的总规律，其离散性十分明显。在一定的深度之下，地热增温率和地温梯度必然要转变为逐渐减小的趋势，并在达到一定的深度之后趋于一定值。从热力学的角度来说，地温的变化对深部岩体的应力场产生了很多影响，岩体内温度变化 10.0 ℃通常能产生 4000～5000 kPa 的地应力变化，进而可以导致岩体因热胀冷缩而破碎。在石油、天然气和地热工程中，岩石在热能作用下产生裂隙（热开裂）和在热地层中注入冷却液产生裂隙（冷开裂）就是基于这个原理。岩石在超出常规温度环境下，就会产生地应力的突然变化，进而对工程岩体的力学特性产生显著的影响，表现出非常规的岩体力学变形性质，给深部岩体工程研究带来了新课题。

2.5.1.3 高渗透压力

地下工程一旦进入到深部，由于深部地下的岩溶、水、油、气体有其较长的补给和排泄通道，形成深部地下工程区与补给区之间的很大的压力差，再加上周围强大的高地应力和高地温的地质力学环境作用，使得岩溶、水、油、气体具有很大的渗透压力。渗透压力的类型包括：液体（水、油等）的渗透压力和气体的渗透压力，而且形成的高渗透压力是没有方向的，即能给任何方向施压。根据参考文献［1，77］的介绍，对于岩溶水压力，其随深度的增加，岩溶水压也会随之升高，在开挖深 1000 m 左右的深度，其岩溶水压将高达 7000 kPa，甚至更高。

在深部，当岩溶水压升高时，岩溶水体渗流通道相对集中，这就好比在水力压裂过程中注入的压裂液一样，一是驱动深部岩体的裂隙易于起裂和扩展，二是容易造成地下工程在开挖后岩溶水压迫使瞬时岩溶突水，这就是地下工程中常常发生的突水等重大工程灾害。另外，在煤矿开挖过程中，一旦进入临界深度及以下，深部沉积的岩石颗粒格架会进入塑性变形状态，导致岩体孔隙中的气体被压缩而使其压力升高，从而造成人们常说的煤岩瓦斯等气体突出的重大地质工程灾害。

2.5.2 深部岩体的节理裂隙发育特性

由上述分析可知，相比浅部工程岩体，深部工程岩体的地应力水平越来越大，导致岩体内部的断层、层理、节理、裂隙等结构面发育。岩石和岩体

的主要区别就在于岩体的力学特性（强度、变形）主要受内部的节理裂隙
的软弱结构面影响。在深部地质应力环境作用下，岩体内部节理、裂隙的扩
展及破坏，将造成岩体整体强度下降，进而造成深部岩体工程事故。研究数
据表明，岩石的强度远高于节理裂隙的强度，节理裂隙岩体的强度介于节理
裂隙强度与岩石强度之间，图 2-8 是岩石、节理裂隙和岩体的强度特性分
析。因此，在实际工程中可以通过非节理裂隙岩体和节理裂隙强度的研究来
作为研究节理裂隙岩体力学性质的参考数据。岩体中的结构面通常是岩体在
构造上不连续、不均质和各向异性的主要因素，其形态是复杂多变的。研究
资料表明，结构面的产状、形态、延展性、开度、贯通性、密集程度、胶结
力、充填情况等对工程岩体强度和稳定性都有重要的影响。

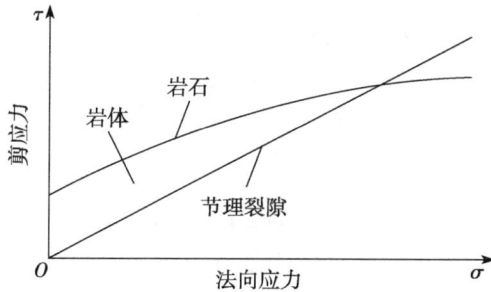

图 2-8　岩石、节理裂隙和岩体的强度特性分析示意

岩体的节理裂隙发育情况，通常采用所选的各组岩体中的结构面的密集
程度来说明岩体中结构面的发育程度，即以岩体裂隙度和切割度作为衡量的
指标。

2.5.2.1　裂隙度

裂隙度是指所处岩体在测线方向的单位长度上所穿过的结构面数量，用
K 表示，计算公式如下：

$$K = \frac{n}{l}, \tag{2-23}$$

根据裂隙度 K 值的大小可以很方便地求出裂隙岩体的平均裂隙间距 d：

$$d = \frac{1}{K} = \frac{l}{n}, \tag{2-24}$$

式中，l 是测线长度，n 是在测线长度内具有的节理数量。

通常情况下，当节理裂隙之间的平均间距 d 大于 1800 mm 时，表明岩

体具有整体结构性质；当 $d = 300 \sim 1800$ mm 时，认为岩体是块状结构；当 $d < 300$ mm 时，认为岩体是碎裂状结构。

2.5.2.2 切割度

节理并非在岩体内部贯通，所以用"切割度"来描述节理的贯通度。切割度是指岩体被结构面割裂分离的程度，用 X_s 表示，可以通过岩体某一断面上的结构面面积 a 与该断面面积 A 的比值来计算该岩体的切割度：

$$X_s = \frac{a}{A} \circ \tag{2-25}$$

裂隙岩体的有些结构面是贯通整个岩体使其完全切割，而有些结构面由于没有完全贯通只能切割岩体的一部分。

当 $0.1 < X_s < 0.2$ 时，表明岩体是完整岩体；当 $0.2 \leqslant X_s < 0.4$ 时，表明岩体是弱节理裂隙岩体；当 $0.4 \leqslant X_s < 0.6$ 时，表明岩体是中节理裂隙化岩体；当 $0.6 \leqslant X_s < 0.8$ 时，表明岩体是强节理裂隙化岩体；当 $X_s \geqslant 0.8$ 时，表明岩体已完全节理裂隙化。

由上述分析可知，岩体某一断面上的切割度只能说明岩体沿某一平面被切割的程度。有时，为了研究岩体内部的节理裂隙分布情况，可用下面指标进行表达：

$$X_V = KX_s, \tag{2-26}$$

式中，X_V 是岩体体积内部被某组节理切割的程度（m^2/m^3）。

在岩体力学与工程中，通过上述指标来对岩体的结构面密集程度和岩体的完整程度进行初步判断。结构面组数及其组合特征，通常能有效地反映岩体中各个方向结构面的存在情况及其对岩体的切割程度。结构组数越多，岩体被分割的情况就越严重，节理裂隙就越发育，岩体的完整性就越差，其强度也就越低。不同方向的结构面分布得越均匀，岩体的各向异性就越不明显；反之，岩体的各向异性越明显。

2.5.3 节理裂隙岩体的结构面特性

影响地下工程岩体变形的因素很多，如结构面的发育特征、岩体的岩性、地下的温度和地下的流体等。就节理裂隙岩体而言，其变形主要受结构面的方位、结构密度、结构面的开度和填充物等因素的综合影响。结构面与应力之间的作用方向或夹角不同，其岩体在相同应力作用下的变形程度也不同，裂隙岩体的变形是各向异性（主要是由结构面和应力间夹角的不同）引起的。节理裂隙岩体随着结构面密度的增加，岩体的完整性变差，使变形模量减小，所以在相同应力作用下岩体的变形量增大。节理裂隙岩体结构面的张开度较大且节理裂隙内无填充物或者填充层较薄时，变形模量通常会减小，在同等应力作用下，岩体变形通常会较大。

2.5.3.1　结构面的变形刚度

结构面的压缩变形主要是节理裂隙受法向载荷的作用引起的。当法向荷载增大时，结构面的接触面和接触点都会增加，呈非线性的结构面间隙就会变小，法向应力与压缩变形的关系曲线如图 2-9 所示。

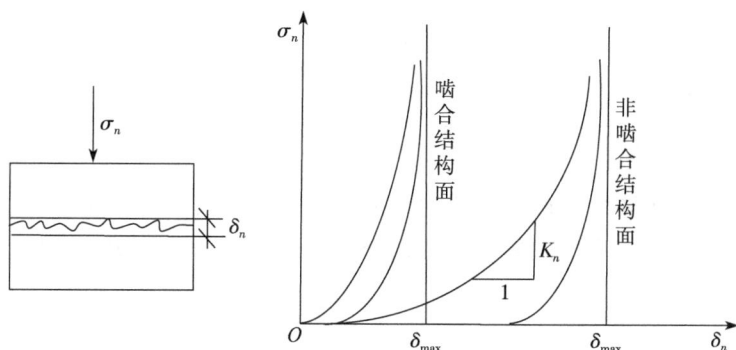

图 2-9　法向应力与压缩变形的关系曲线

Goodman[78] 通过大量试验，得出了法向应力 σ_n 与结构面闭合量 δ_n 之间的关系，表达式为：

$$\frac{\sigma_n - \sigma_0}{\sigma_0} = s\left(\frac{\delta_n}{\delta_{max} - \delta_n}\right)^t, \qquad (2-27)$$

式中，σ_0 是原位应力，δ_{max} 是最大可能的闭合量，s 和 t 是与结构面几何特征和岩体力学性质有关的 2 个参数。

节理裂隙岩体结构面的法向形变主要由结构面的法向刚度 K_n 决定，即结构面上产生的单位法向量的变形梯度，如图 2-9 所示。结构面两侧微凸体相互啮合程度、粗糙结构面接触点数、接触面积和岩体的力学性质共同决定了 K_n 值的大小。因此，法向刚度 K_n 是一个与法向应力水平、节理裂隙面等因素有关的变量，其表达式为：

$$K_n = K_{n0}\left(\frac{K_{n0}\delta_{max} + \sigma_n}{K_{n0}\delta_{max}}\right)^2, \quad (2-28)$$

式中，K_{n0} 是结构面的初始刚度。

1981 年，Bandis 等[79] 对不同风化程度、不同表面粗糙程度的非填充天然结构面进行了大量的研究，通过研究的结果获得了法向应力 σ_n 与法向变形 δ_n 之间的关系，表达式为：

$$\sigma_n = \frac{\delta_n}{a - b\delta_n}, \quad (2-29)$$

式中，a 和 b 是与结构面几何特征和岩体力学性质有关的 2 个常数。

如果令法向应力 $\sigma_n \to \infty$，$a/b = \delta_{max}$ 时，由法向刚度的定义，对式（2-29）求偏导，可推导出法向刚度的表达式为：

$$K_n = \frac{\partial \sigma_n}{\partial \delta_n} = \frac{1}{(a - b\delta_n)^2}\, \circ \quad (2-30)$$

2.5.3.2 结构面的剪切刚度

节理裂隙岩体结构面在无法向应力作用或有法向应力作用下，都可能受剪切作用，该剪应力也同样会使结构面发生剪切变形，如图 2-10 所示。

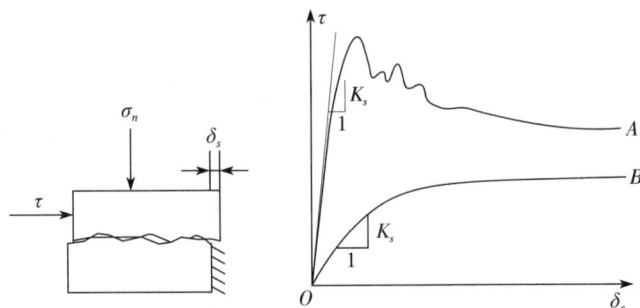

图 2-10　节理裂隙的剪切变形曲线

对于无充填型粗糙节理裂隙，当剪切形变发生时，剪应力上升相对较快，达到峰值后结构面的抗剪能力出现较大的下降并产生不规则的峰后变形或滞滑现象，如图 2-10 中的曲线 A 所示。

对于平坦（或有填充物）的结构面，初始阶段的剪切变形曲线呈下凹型，随着剪切变形的持续发展，剪切应力逐渐上升，但没有明显的峰值出现，最终达到恒定值，如图 2-10 中的曲线 B 所示。

Goodman[78] 把剪切变形曲线从形式上分为：

①峰前应力上升的弹性区；

②剪应力峰值区；

③峰后应力降低或恒应力的塑性区。

当节理裂隙岩体受剪应力发生破坏时，力学过程包括结构面微凸体的弹性变形、劈裂、磨粒产生与迁移、结构面相对错动等，这些剪切变形是不可完全恢复的变形。剪切刚度 K_s 是指"弹性区"单位变形内的应力梯度，它是反映结构面剪切变形性质的主要参数，可由下式表示[79]：

$$K_s = \frac{\partial \tau}{\partial \delta_s} = K_{s0}\left(1 - \frac{\tau}{\tau_s}\right), \qquad (2\text{-}31)$$

式中，K_{s0} 是结构面的初始剪切刚度，τ_s 是产生较大剪切位移时剪应力的渐近值。

实验研究表明，对于坚硬的结构面，剪切刚度一般是常数；对于比较松软的结构面，其大小随法向应力的大小而改变。如果凸台沿根部剪断或开裂破坏，则结构面在剪切过程中就不会出现明显的剪胀作用。结构面的剪切变形同样与岩石强度、结构面的粗糙度和法向应力等有密切关系。

2.5.4　节理裂隙岩体的强度特性

目前还没有成熟的理论来描述深部节理裂隙岩体的强度，根据结构面组合及受力状态不同，其强度特征主要表现为以下几个方面。

①轴向劈裂。其产生条件为：围压低、结构面角度大。

②沿结构面滑动破坏。其产生条件为：围压不高，结构面与最大应力之间的夹角通常小于 50°。

③切穿岩石材料破坏。其产生条件为：高围压，同时会伴随共轭剪切面的破坏。

④松散破坏。当围压很低时，被切割的岩石块会发生偏转；裂隙受力会发生张开、扩展，致使岩石发生松散破坏。

⑤深部节理裂隙岩体具有大变形、强流变性、动力响应的突变和岩溶突水的瞬时性等破坏特性。

从上述介绍可以看出，岩体强度也受其破坏方式影响，破坏方式不同，节理裂隙岩体的强度也不同。节理裂隙岩体的强度介于岩石材料的强度和结构面的强度之间。因此，其强度的上限为岩石材料的莫尔包线，而下限是最软结构面或最光滑节理的莫尔包线，偏上或偏下与结构面的产状有关。何江达等[80]运用断裂力学理论结合霍克-布朗强度理论建立了含断续节理裂隙岩体的强度关系，其表达式为：

$$\sigma_1 = \sigma_3 + \sqrt{m\sigma_3\sigma_c + s\sigma_c^2}, \qquad (2\text{-}32)$$

式中，σ_c是完整岩块试件的单轴抗压强度（MPa）；σ_1和σ_3分别是岩体破坏时的最大和最小水平主应力，以压为正（MPa）；m和s分别是表示岩体完整性的两个参数（无量纲），其表达式为：

$$\begin{cases} s = -\dfrac{R_t m}{\sigma_c} + \left(\dfrac{R_t}{\sigma_c}\right)^2, \\[2mm] m = -\dfrac{R_t m}{\sigma_c(-R_t + \sigma_3)}\left[(c_2-1)^2\sigma_3^2 + 2c_3(c_2-1)\sigma_3 + c_3^2\right], \\[2mm] c_2 = \dfrac{\sin 2\alpha + f_j\cos 2\alpha + f_j}{\sin 2\alpha + f_j\cos 2\alpha - f_j}, \\[2mm] c_3 = \dfrac{2f + c_j}{\sin 2\alpha + f_j\cos 2\alpha - f_j}, \end{cases} \qquad (2\text{-}33)$$

式中，R_t是节理裂隙岩体的抗拉强度（MPa），α是σ_1与节理裂隙之间的夹角（°），f是与节理裂隙参数有关的裂隙开裂或峰值强度（MPa），f_j是节理裂隙面的摩擦系数，c_j（$j=2,3$）是节理裂隙的黏聚力（MPa）。

从上述式子可以看出，节理裂隙岩体的强度与节理和岩桥的极限强度，以及两者之间的耦合效应有密切的关系。上述公式能综合反映和定量分析节理裂隙面的强度、岩桥对强度的影响、围压对强度的影响及节理裂隙特征（裂隙宽度、方位、分布、延展性等）对节理裂隙样的强度的影响。

2.5.5 节理裂隙岩体的渗透特性

节理裂隙岩体的一个明显特征就是具有一定的压力差渗透特性。深部岩体渗流有其自身的特殊性和复杂性，在深部岩体中往往是由结构面切割的岩块所形成的实体，其中岩块的渗透性通常是很微小的，节理裂隙往往是岩体渗流的主要通道，因此，节理裂隙岩体的渗流问题实质上可以看成裂隙网络的渗流问题。在裂隙岩体中，流体的主要运动通道是裂隙网络，节理裂隙的渗透系数往往比岩块孔隙的渗透系数大几个数量级，所以节理裂隙岩体的渗透性主要受裂隙的发育方式和发育程度的影响。流体在节理裂隙中流动到一定程度时会使岩体中的有效应力减小，从而使岩体的剪切强度降低，岩体中的应力场、渗流场、温度场和变形破坏机制也会随之发生变化。故此，在进行节理裂隙岩体的力学性质和力学行为，以及各种开采灾害和防治研究时，必须了解裂隙岩体的渗透特征对岩体工程的稳定性的影响情况。同时，裂隙岩体渗透特性的研究对于节理裂隙岩体的力学性质、各类岩体工程的稳定性分析、石油天然气的高效开发与利用、地下水封油库的水封原理研究、坝址选择、水库诱发地震的可能性分析和地下核废料贮存库围岩稳定性分析等方面具有十分重要的意义。

2.5.5.1　单裂隙渗流特征

对于节理裂隙渗流特性的研究，往往从最简单的单个裂隙开始，对于含多组裂隙的岩体渗流特征，通常采用等效连续介质模型及数值模拟方法来研究。单一裂隙是构成裂隙网络的基本元素，研究单一裂隙中水的渗流规律是节理裂隙岩体渗流力学的基本内容，也是建立裂隙岩体渗流场计算模型的基础。单一平直裂隙无限延伸的岩体裂隙如图 2-11 所示。

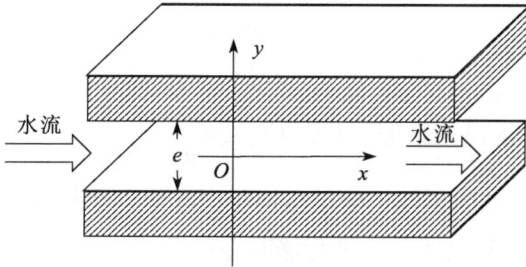

图 2-11　单一平直裂隙无限延伸的岩体裂隙模型

假定该单一平直裂隙间的流动为定常层流，裂隙间的流体为不可压缩、结构面是平直、无限长的平行板，裂隙的宽度为 e，流体从左向右流动，基于水力平衡条件，各流体层间的剪应力 τ 和静水压力 p 之间的关系可以表示为[81]：

$$\frac{\partial \tau}{\partial y} = \frac{\partial p}{\partial x}, \quad \text{其中 } \tau = \mu \frac{\partial u_x}{\partial y}, \tag{2-34}$$

由牛顿黏滞定律可得：

$$\frac{\partial^2 u_x}{\partial y^2} = \frac{1}{\mu}\frac{\partial p}{\partial x}, \tag{2-35}$$

式中，u_x 是沿 x 方向的流体速度，μ 是流体的动力黏滞系数（Pa·s）。

设单一裂隙渗透模型的边界条件为：

$$\begin{cases} u_x = 0, y = \pm\frac{e}{2}, \\ \dfrac{\partial u_x}{\partial y} = 0, y = 0。 \end{cases} \tag{2-36}$$

设流体流速呈抛物线分布，可以解得渗流断面的平均流速 $\bar{u}_x$ 为：

$$\bar{u}_x = -\frac{e^2}{12\mu}\frac{\partial p}{\partial x}。 \tag{2-37}$$

静水压力 p 和水力梯度 i 表达式为：

$$\begin{cases} p = \rho_w gh, \\ i = \dfrac{\Delta h}{\Delta x}, \end{cases} \tag{2-38}$$

式中，ρ_w 为水的密度，Δh 为水头差，h 为水头高度。

式（2-38）可以写为：

$$\bar{u}_x = -\frac{ge^2}{12v}i, \tag{2-39}$$

式中，v 为水的运动黏性系数（cm^2/s），$v = \dfrac{\mu}{\rho_w}$。

对于实际节理裂隙岩体，即结构面粗糙起伏、非贯通和充填物阻塞等的不同，Louis 等[82] 对上述式子进行修改得：

$$\begin{cases} \bar{u}_x = -K_s i, \\ K_s = \dfrac{K_2 ge^2}{12v\zeta}, \end{cases} \tag{2-40}$$

式中，K_2 是裂隙的面连续性系数，即结构面的连通面积与总面积之比；ζ 为结构面的相对粗糙修正系数，其表达式为：

$$\zeta = 1 + 8.8\left(\frac{h}{2e}\right)^{1.5}, \tag{2-41}$$

式中，h 为结构面的起伏差。

2.5.5.2　裂隙岩体在成层多裂隙情况下的渗透特性

对于节理裂隙岩体，其节理裂隙往往含多组，通常采用多裂隙渗流力学模型进行岩体的渗透特性分析。基于单一平直裂隙构成的裂隙网络的基本元素，建立层状多裂隙岩体渗流场计算模型，如图 2-12 所示。

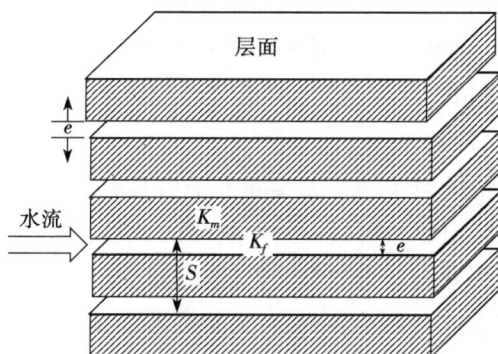

图 2-12　成层状多裂隙岩体渗流场计算模型

假设节理裂隙之间的间距为 s，裂隙宽度为 e，渗透系数为 K_s，岩块的渗透系数 $K_m \approx 0$，若将节理裂隙中的流体平均分配到整个岩体中，可得沿结构面走向方向的等效渗透系数 K 的表达式：

$$K = \frac{e}{s}K_s + K_m = \frac{e}{s}\frac{K_2 g e^2}{12 v \zeta}。 \tag{2-42}$$

设第 i 组结构面的裂隙宽度和间距分别是 e_i 和 s_i，而且不同组结构面的间距和张开度可以不同，各组结构面内的流体流动互不干扰。因此，由单个结构面的渗流特征理论，可得第 i 组结构面内的断面平均流速矢量为：

$$\bar{u}_i = -\frac{K_{2i} e_i^2 g}{12 v c_i}(\boldsymbol{i} \cdot \boldsymbol{m}_i)\boldsymbol{m}_j, \tag{2-43}$$

故，整个节理裂隙岩体的流体流速矢量为：

$$\bar{u} = -\sum_{i=1}^{n}\frac{K_{2i} e_i^3 g}{12 v s_i c_i}(\boldsymbol{i} \cdot \boldsymbol{m}_i)\boldsymbol{m}_j, \tag{2-44}$$

式中，$\boldsymbol{m}_j$ 为水力梯度矢量 $\boldsymbol{i}$ 在第 i 组结构面上的单位矢量。

上述各式中的节理裂隙的宽度、间距、产状、连通性等参数通常由实测资料统计获得，由于节理裂隙岩体中的这些参数都具有某种随机性，所有都需要在大量实测数据的基础上才能确定。

2.5.5.3　网格裂隙岩体的渗透特性

基于理想单一裂隙（两裂隙面为光滑平板）的渗透规律，推导出岩体裂隙岩体渗流的立方定律[85]：

$$q = \frac{gb^2 \times b \times 1}{12\mu}i = \frac{gb^3}{12\mu}i = Ki, \tag{2-45}$$

式中，q 是裂隙流量（cm^3/s），b 是裂隙宽度（cm），g 是重力加速度（m/s^2），μ 是流体的动黏滞系数（cm^3/s），K 是含有裂隙岩体的方向等效渗透系数（cm^3/s），i 是水力坡降。

节理裂隙岩体中所包含的裂隙实际上是由具有一定规律的节理和（或）随机分布的裂隙网络组成。对具有一定规律的节理，可以采用层状多裂隙渗流计算模型进行计算分析。裂隙渗流如图 2-13 所示，对于具有一定规律的节理和（或）随机分布的裂隙网络组成的裂隙岩体，岩体裂隙网络渗流的求解过程比较复杂，目前主要有张量法、线素法、有限单元法、离散单元法和图论法等裂隙岩体裂隙网格渗透特性分析方法[85]。在这些方法中，张量法和图论法属于解析方法，能对节理裂隙数目不多的岩体进行较好的研究区域的等效渗透系数张量进行描述，所以广泛在工程中应用；线素法、离散单元法、有限单元法等属于数值计算方法，在节理裂隙数目较多，岩体空间结构比较复杂时，数值计算方法的优势就比较明显，能对研究区域的渗透特性进行有效的模拟分析，所以在石油、天然气、地热等工程中有广泛的应用。

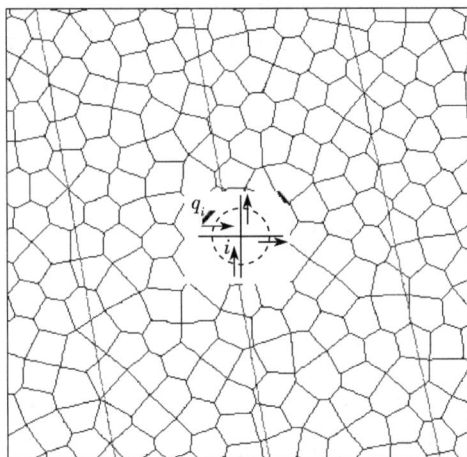

图 2-13　含有多节理裂隙的岩体平面示意

（1）张量法

张量法主要是基于张量理论的裂隙岩体渗透系数的计算方法，裂隙岩体中沿第 j 方向裂隙组的渗透张量[81,83] 表达式是：

$$K_j = \frac{b_j^3 M_j^d}{12} \begin{bmatrix} (1 - \varphi_{xj}^2) & -\varphi_{xj}\varphi_{yj} & -\varphi_{xj}\varphi_{zj} \\ -\varphi_{yj}\varphi_{xj} & (1 - \varphi_{yj}^2) & -\varphi_{yj}\varphi_{xj} \\ -\varphi_{zj}\varphi_{xj} & -\varphi_{zj}\varphi_{yj} & (1 - \varphi_{zj}^2) \end{bmatrix}, \qquad (2-46)$$

当节理裂隙岩体中的裂隙非充填时，渗透张量的表达式是：

$$K = \frac{1}{12} \sum_{j=1}^{n} b_j^3 M_j^d \begin{bmatrix} (1 - \varphi_{xj}^2) & -\varphi_{xj}\varphi_{yj} & -\varphi_{xj}\varphi_{zj} \\ -\varphi_{yj}\varphi_{xj} & (1 - \varphi_{yj}^2) & -\varphi_{yj}\varphi_{xj} \\ -\varphi_{zj}\varphi_{xj} & -\varphi_{zj}\varphi_{yj} & (1 - \varphi_{zj}^2) \end{bmatrix}, \qquad (2-47)$$

当节理裂隙岩体中的裂隙被充填时，渗透张量的表达式是：

$$K = \lambda \sum_{j=1}^{n} b_j^3 M_j^d \begin{bmatrix} (1 - \varphi_{xj}^2) & -\varphi_{xj}\varphi_{yj} & -\varphi_{xj}\varphi_{zj} \\ -\varphi_{yj}\varphi_{xj} & (1 - \varphi_{yj}^2) & -\varphi_{yj}\varphi_{xj} \\ -\varphi_{zj}\varphi_{xj} & -\varphi_{zj}\varphi_{yj} & (1 - \varphi_{zj}^2) \end{bmatrix}, \qquad (2-48)$$

式中，φ_{xj}、φ_{yj} 和 φ_{zj} 分别是在 x，y，z 坐标系下与第 j 方向结构面相垂直的矢量的方向余弦，λ 是为裂隙中充填材料的渗透系数，n 是节理裂隙岩体中裂隙系统的数量，b_j 是节理裂隙岩体中的裂隙的等效宽度，M_j^d 是第 j 组裂隙的密度（单位长度内裂隙的条数或密度）。

（2）图论法

图论法是将节理裂隙岩体中的裂隙网格看成离散数学图论中的一个图 G[83]。在裂隙网格图中，将裂隙之间的交叉点定义为节点 j，这些节点形成的集合记为 N；将 2 个节点之间和节点与端点之间的裂隙段记为 I，裂隙顶部的节点定义为节点 j'，这些裂隙段形成的集合记为 E；则裂隙岩体中的裂隙网格 G 就可以用集合函数的形式表达为：

$$\begin{cases} G = \{N, E\}, \\ N = \{j\}, \\ E = \{I\}, \\ I = \{j, j'\}. \end{cases} \qquad (2-49)$$

裂隙网格 G 具有方向性，所以通过图论法的相关理论，可以将裂隙网络结构表示成矩阵的形式，从而建立起以压力为未知量的裂隙网络渗流计算模型。有关图论法的基本特征和分形特征可以查阅参考文献［84］。

（3）裂隙网格渗流模型与离散单元

王恩志等[84-85]为了研究三维裂隙网络渗流问题，将岩块的渗透性忽略不计，而将天然裂隙系统的发育规律及其渗透机制划分成带状断层、面状裂隙和管状孔洞三大类型，并建立了由管状线单元、缝状面单元和带状体单元组合而成的三维裂隙网络渗流数值模型，如图2-14所示。该数值计算模型是将复杂岩体中的裂隙网络的成因、力学属性、规模等简化为可以描述的三维空间模型。

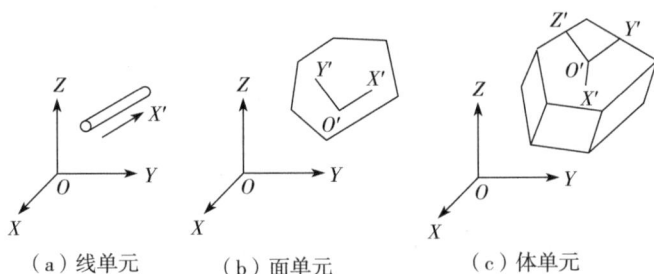

（a）线单元　　　　　（b）面单元　　　　　（c）体单元

图2-14　三维裂隙网络渗流数值模型[85]

如图2-14所示，将被其他裂隙切割成的裂隙段看成一条管状结构，沿该裂隙段流体渗流方向建立流体流动局部坐标，同时对整个裂隙岩体的渗流场建立一个整体坐标系。设流体在裂隙段的流动为层流，可得局部坐标系（x'，y'，z'）下的渗流方程表达式[85]：

$$\begin{cases} \dfrac{\partial}{\partial x'}\left(\lambda_{x'} \dfrac{\partial H}{\partial x'}\right) + Q = \eta \dfrac{\mathrm{d}H}{\mathrm{d}t}, \\[2ex] \dfrac{\partial}{\partial x'}\left(\lambda_{x'} \dfrac{\partial H}{\partial x'}\right) + \dfrac{\partial}{\partial y'}\left(\lambda_{y'} \dfrac{\partial H}{\partial y'}\right) + Q = \eta \dfrac{\mathrm{d}H}{\mathrm{d}t}, \\[2ex] \dfrac{\partial}{\partial x'}\left(\lambda_{x'} \dfrac{\partial H}{\partial x'}\right) + \dfrac{\partial}{\partial y'}\left(\lambda_{y'} \dfrac{\partial H}{\partial y'}\right) + \dfrac{\partial}{\partial z'}\left(\lambda_{z'} \dfrac{\partial H}{\partial z'}\right) + Q = \eta \dfrac{\mathrm{d}H}{\mathrm{d}t}, \end{cases} \tag{2-50}$$

式中，$\lambda_{x'}$，$\lambda_{y'}$和$\lambda_{z'}$分别是3个主渗流方向的等效渗透系数，x'，y'和z'是局部坐标系，H是水头函数，Q是流体源汇项，η是单位储水率，t是时间变量。

将局部坐标下的结构单元体进行离散化，也就是将岩体划分成数个四面体、五面体或六面体的组合，同时将裂隙单元分成数个三角形或四边形的组合，从而形成线单元、面单元、体单元在空间的组构关系。通过在整体坐标

(x, y, z) 下进行各类单元和各个节点统一编号，可以将局部坐标系的单元统一到整体坐标系下，构建成多种裂隙单元的三维裂隙网络渗流离散方程[85]：

$$TH + Q = \eta \frac{\mathrm{d}H}{\mathrm{d}t},\tag{2-51}$$

式中，T 表示裂隙网格总体传导矩阵，H 表示节点水头列向量，Q 表示补给和排泄列向量，η 表示裂隙储水矩阵。

为了配合离散单元法进行裂隙岩体温度场-渗流场-应力场（THM）等多场耦合机制分析，可将上式的任一裂隙段两端点上的水头值求解出来，进而获得各个裂隙段中的渗流速度 v、流体压力分布 P；同时将作用在岩体和岩块单元上的流体压力转化为作用在裂隙段岩块单元形心的集中力 P_j。因此，在整体坐标 (x, y, z) 下，裂隙岩体中岩块形心处流体对岩体的作用力可以表示为：

$$\begin{cases} P_x = \displaystyle\sum_{j}^{N} P_{xj}, \\ P_y = \displaystyle\sum_{j}^{N} P_{yj}, \\ M = \displaystyle\sum_{j}^{N} M_j, \end{cases}\tag{2-52}$$

式中，P_{xj}，P_{yj} 和 M_j 分别表示沿 x 方向、y 方向的应力分量及产生的弯矩，N 表示裂隙段的数量。

利用上述各式，通过配合离散单元法中对裂隙岩体的裂隙单元进行划分，即岩块间的边—边接触为裂隙，岩块间允许叠合，对应离散单元法的每一迭代时步，按各岩块所产生的位移量，在各裂隙段流体压力作用下，可以在原有开度的基础上继续对开裂的值进行调整，重新计算变化后的流体对岩块的作用力，从而使裂隙网格渗流分析与离散单元分析相耦合。

在离散单元法中，节理裂隙岩体的岩块间的叠合量与裂隙流体压力开度之间的关系如下所示：

$$a = a' + (a_0 - a') \times \exp\left(-\frac{4.6052K_n \times a_p}{\sigma_c}\right),\tag{2-53}$$

式中，a 表示裂隙的开度，a_0 表示裂隙的初始开度，a' 表示应力无限大时存在的残余开度，K_n 表示刚度系数，a_p 表示裂隙的平均开度，σ_c 表示作用在岩块上的极限应力。

2.6 本章小结

从长远来看，岩体力学与工程的研究必将走向深部，目前深部岩体工程的研究虽然取得了一些成果，但总的来说，主要是一些个案的研究成果，对于深部岩体工程的研究还没有形成系统的理论、方法和研究手段。因此，未来深部岩体力学在探索地球深部岩体力学的性质、理论和研究手段与方法等方面还有很长的路要走，更有很多挑战在等着我们。本章主要探讨性地对深部岩体力学的一些概念性和基础性的问题进行了分析，试图了解深部岩体力学研究的新视角和新手段，得出的结论如下。

①随着工程深度的增加，工程所处的地质力学环境具有"三高"特性，即高地应力、高地温、高岩溶水压。同时，由于深部岩体工程所处在高地应力、高地温、高岩溶水压的作用下，岩体的性质也相应发生了变化，即具有较强的时间效应，表现出明显的流变或蠕变特性。这是要求研究深部地下工程时，需要研究的工程围岩岩体的长期稳定性和时间效应问题。

②深部工程岩体所处的应力水平和应力状态，与浅部相比是从浅部的构造应力主导状态向深部静水压应力状态转变，这是深部岩体应力状态典型的基本特征。为此，谢和平院士提出了基于工程扰动应力空间路径上的采动岩体力学，有效地拓展了现有岩体力学理论体系在深部地下工程活动情况下岩体力学性质和力学行为的研究。

③为了揭示在开发扰动后，深部岩体多场耦合、三维应力场变化、裂隙演化、体积破裂、塑性失稳及微观渗流空间分布等力学行为过程，需要在新方法、新技术和新手段等方面加大研究力度，以便更深入地研究深部工程岩体的内部结构。这些研究成果对深部资源的高效开发利用、深部能源存储、CO_2 和核废料地质封存等地下工程建设将提供一定的理论研究基础和科学指导。

④由于岩体力学理论研究相对滞后于地下工程的建设与发展，特别是深部地下工程。深部地下工程岩体在本构模型上、多场耦合上、岩体的非线性力学响应上、岩体裂隙网络中的渗流吸附和竞争机制上、岩体力学参数特征化方法上都有许多问题还不是很清楚，需要岩体力学与工程的研究人员和工程技术人员作进一步的研究和探讨。

因此，岩体力学与工程，特别是深部或极深部岩体工程作为未来人类活动走向的一个重要方面，将是从事岩体力学与工程的科研人员研究的永恒课题。岩体力学与工程在构建全新领域的探索思维框架，基础理论创新，岩体力学实验方法、数值计算方法和工程技术应用实践等方面的研究都提出挑战。这都需要人们运用新方法、开拓新途径，在更深、更新的层面揭示深部岩体力学本质及其对人类重大地下工程的影响机制，推动岩体力学的发展，深化岩体力学的研究内涵，指导人类的地下工程活动。

第3章 人工智能的预测及反演分析模型的研究

本章主要介绍的是一种人工智能岩体力学参数预测和特征化反分析模型的框架和相关数学知识，并且基于 MATLAB 编写了将人工神经网络模型和遗传优化算法相结合的程序。本章首先给出了人工神经网络模型的基本原理和结果评价方式；其次，介绍了遗传算法的基本原理和结果评价方式；最后，通过算例应用说明了基于人工神经网络模型和遗传算法所建立的人工智能岩体力学参数预测和特征化反演分析模型的有效性和准确性。

3.1 引言

在岩体力学与工程中，正演问题是指用已知的岩体物理力学参数、荷载和物体的几何尺寸等条件，求解岩体的应力、应变等力学行为的过程；反演问题是指通过实地量测的力学行为（如位移、压力等）反向对岩体的物理力学参数等作为待求量进行求解的过程。岩体力学与工程特别是深部岩体力学与工程领域的力学问题与其他工程领域的不同，岩体力学问题本身往往是一个高度复杂的、不确定的、不可直接观测和不确知的黑箱系统，其物理力学参数、本构模型、计算边界条件等通常无法准确确定。

岩体力学与工程的研究人员和工程技术人员多年来一直按照正演问题的习惯进行分析，试图找到专门研究并确定原场初始应力及其他岩体力学参数的有效方法，但由于深部岩体工程所处环境的复杂性和多变性，效果并不理想。因此，陈子荫[86]、冯夏庭[87] 等提出岩体力学问题应该先解决反演问题再解决正演问题。解决反演问题的反分析方法首先是合理利用所能观测到的场地信息，如围岩位移、压裂过程中的井底压力，反向推算工程岩体的岩体力学参数，如初始应力、弹性参数和裂隙参数等。然后，将得出的岩体力学参数，代入正演计算模型中，对工程岩体的力学行为进行分析，并对其工程设计进行修正，以及对工程问题提出有效的解决方案。实践结果表明，这样一个反向思维的方法能够有效地解决岩体力学与工程中的复杂问题，并且通常能够得到很好的效果。

岩体力学参数特征化是指采用已知场地监测信息定量地确定岩体力学参数的过程。而岩体力学参数，如原场应力、杨氏模量、泊松比和天然裂隙特征等，是确定工程岩体力学属性，进行优化钻探开挖、围岩加固与支护施工、水力压裂增产、井壁稳定分析、地质力学油气藏模拟或其他地下工程的设计、决策及施工和使用维护的必要前提条件。

从场地监测信息（如位移、应力、温度等）出发，用反分析方法来确定各类计算模型参数的反分析方法得到了迅速的发展，其反分析理论与方法正在日臻完善。反分析方法在岩石坝基、高速公路路基、高边坡、地下石油天然高效开采利用、核废料深部储存、地下洞室围岩和支护等诸多领域都有广泛应用。因此，利用场地监测信息识别岩体的力学参数的技术也在不断提高，目前已在岩体工程中得到了广泛的应用，并成为解决深部复杂岩体力学与工程问题的重要方法。根据所采用的计算方法的不同，反分析方法可分为解析法和数值法。传统的解析法和数值法要求具有严格的数学模型和简化条件，它们只适用于简单的线性关系且岩体力学参数较少（一个或两个）的情况。然而，对于非线性和多参识别的复杂岩体力学与工程问题则采用软计算方法，如遗传算法就是一种有效的解决手段。基于反分析中场地监测信息的不同而不同，如位移反分析方法、压力反分析方法等，本章将介绍反分析方法在岩体力学参数特征化中的应用研究。

3.2　岩体力学参数确定模型框架

人工智能岩体力学参数特征化反演分析模型，是一种基于可准确或容易获得的场地监测信息对深部岩体力学参数进行等效确定的方法，类似信息反馈法。该方法能够有效地采用易监测的现场信息作为输出参数对未知的输入参数进行反向等效评价。该项技术的计算平台包含了 2 个主要的功能计算模块：正演分析计算模块和反演分析计算模块。人工智能岩体力学参数特征化计算框架如图 3-1 所示。

在正演分析计算模型中，主要是利用场地监测数据或数值模拟计算方法来生成人工智能机器学习样本，以及采用正演分析计算模型验证反演分析获

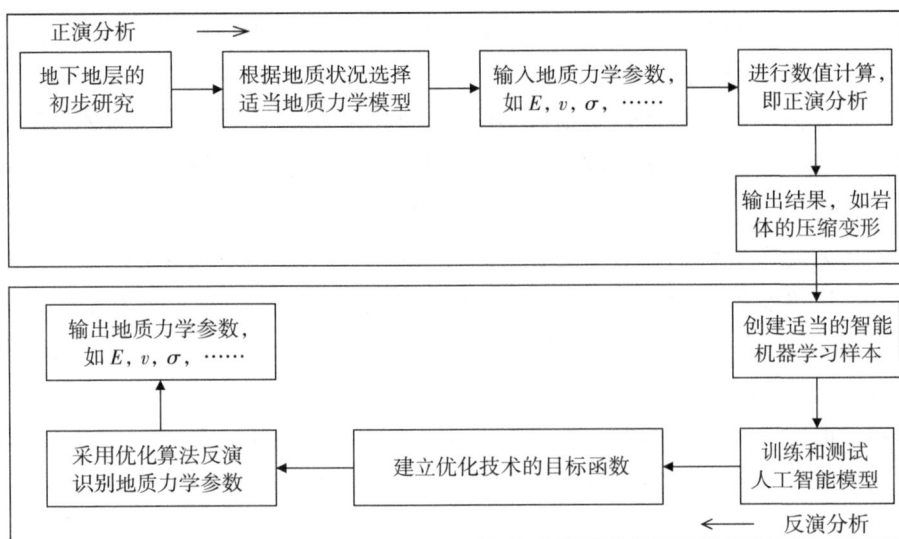

图 3-1　人工智能岩体力学参数特征化计算框架

得的岩体力学参数是否准确有效（也就是等效性）。在反演分析模型中，利用人工神经网络具有能充分逼近任意复杂的非线性关系、处理定量问题、并行分布处理等优点，去代替数值模拟计算模型分析输入与输出之间的线性/非线性关系，同时利用遗传算法的全局优化搜索能力、潜在的并行性，基于建立的目标函数关系对多个个体参数进行优化搜索识别，即工程岩体的岩体力学参数特征化。

　　在执行人工智能岩体力学参数特征化时，该模型采用人工神经网络模型代替输入与输出之间的映射关系，并对岩体力学参数与工程岩体的力学行为之间的线性、非线性关系进行有效的模拟分析。同时，结合要研究的岩体工程的现场监测数据建立岩体力学参数特征化的目标函数关系。如果场地数据采集不能满足人工智能岩体力学参数特征化的要求，那么在项目研究过程中，将考虑采用数值模拟的方法来生成大量的人工神经网络模型训练、测试和验证的样本。

　　遗传算法是用来从基于场地监测到的信息或记录数据建立的目标函数关系对岩体力学参数来执行反演优化分析，从而实现了岩体力学参数的优化确定。通过对岩体力学参数智能识别模型的一些结果、识别到的岩体力学参数是否准确和人工智能能否很好地代表工程岩体力学的特性及力学行为进行判断。对于人工神经网络模型，主要采用网络模型的平均误差值、关系系数值和目标输出与预测输出的比较，来判定人工神经网络能否有效地代表岩体力学参数和岩体力学行为之间的线性和（或）非线性关系。对识别到的岩体力学参数，主要采用遗传算法的目标函数值，以及识别值、数值计算值与场地监测值之间的比较来判定人工智能确定的岩体力学参数值是否准确、有效，是否能代表深部工程岩体的物理力学性质指标。

3.3　人工神经网络模型的有关理论

人工神经网络是对生物神经系统的某种抽象、简化与模拟，是由许多并行互联的相同神经元模型组成的。人工神经网络（artificial neural network，ANN）模型是 1943 年由 McCulloch 等[88] 提出的一种神经元模型，该模型能映射输入与输出之间的线性和非线性关系。其中，有代表性的网络模型为径向基函数（radial basis funtion，RBF）网络、感知器模型、反向传播（back propagation，BP）神经网络模型、Hopfield 模型等[89]。人工神经网络是由许多具有非线性映射能力的神经元组成的，神经元之间通过权系数相连接，能从已知数据中自动归纳出规则，从而获得这些数据的内在规律，因此，人工神经网络模型具有很强的非线性映射能力。尤其 BP 神经网络模型[90] 可揭示数据样本中蕴含的线性/非线性关系，可以任意精度逼近任意连续函数，能对多成因的复杂的未知系数进行高度建模，所以它已经被广泛应用于岩体工程问题的研究中[60-61]。

3.3.1　网络模型的基本特征

人工神经网络模型由输入层、隐含层及输出层三层组成，其中输入层和输出层只有一个，但可以有多个神经元，而隐含层可有一个或多个，每层可由一个或多个神经元组成，一个三层人工神经网络模型的结构如图 3-2 所示。在一个人工神经元计算结构中，设神经元的 n 个输入为 X_1，X_2，$\cdots$，X_n；在每个输入连接上附加的连接权值为 w_{ij}；神经元的内部阈值为 θ；f 为作用函数或传递函数；Y_j 表示隐含层第 j 个神经元的输出；T_k 表示第 k 个神经元的输出。根据作用函数的不同可将神经元模型主要分为 4 类[93]：

（a）三层人工神经网络模型

（b）单个神经元模型

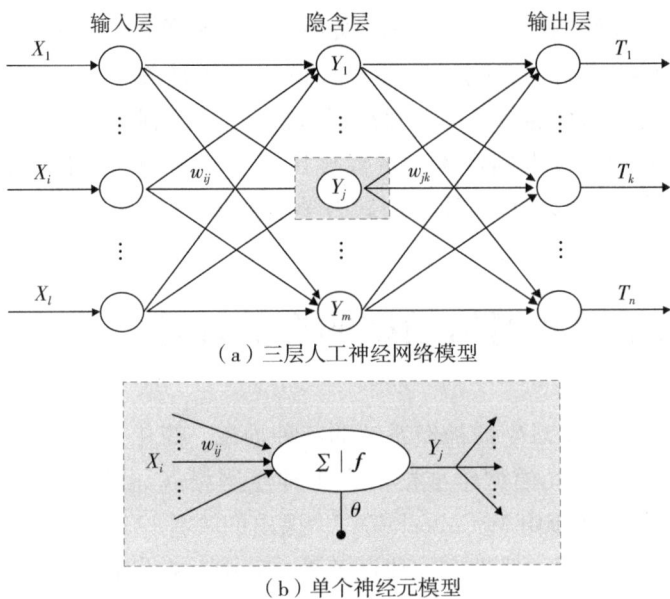

图 3-2　三层人工神经网络模型的结构

①伪线性神经元模型；

②S 型神经元模型；

③阈值型神经元模型；

④概率型神经元模型。

3.3.1.1　神经元基本要素的特征[91]

人工神经网络的信息处理通过神经元之间的相互作用来实现；信息和知识存储在信息处理单元相互间的物理连接上；网络的学习和识别取决于各个神经元连接权系数的动态演化过程。一般来说，人工神经网络模型由网络模型的拓扑结构（图 3-2）、神经元特性、网络学习规则 3 个因素确定。其中，基本特征包括下面 3 个基本要素：

①一组连接权值 w（对应于生物神经网络的突触），连接强度由各个连接之间的权值表示，权值为正表示兴奋，反之表示抑制，由神经网络的学习过程决定。

②一个求和单元，用于求取各个输入信息的加权（线性组合）。

③一个非线性激励函数 $f(\cdot)$，起非线性映射作用，并限制神经元输出值在一定范围内，一般限制在 ［0，1］或 ［-1，1］。

3.3.1.2　神经元信息处理的 3 个阶段

神经元是神经网络的基本处理单元,它一般是多输入单输出的非线性器件,其信息处理的 3 个阶段如下所述:

①神经元接受别的神经元或外界的输入,这些输入表现为冲动或刺激,总的效果是加性的;

②把输入函数 u_j 代入激励函数运算,得到神经元的输出 $y_j = f(u_j)$;

③对神经元的输出进行判决,若 y_j 大于给定阈值,则该神经元被激活,处于兴奋状态,否则,神经元不被激活,处于抑制状态。

神经元的兴奋或抑制两种状态,在数学上表现为非线性关系。由于单个神经元的输入与输出之间具有非线性关系,神经元之间的联系也就呈现复杂的非线性关系,所以整个神经网络构成了一个复杂的非线性动力学系统,像人的大脑一样,处于不断的变动和演化之中。

3.3.1.3　常用的作用函数形式

(1) 线性函数

如图 3-3 (a) 所示,

$$f(x) = kx + c。$$

(2) 硬限幅阈值函数

如图 3-3 (b) 所示,

$$f(x) = \begin{cases} 1, & x \geq 0, \\ 0, & x < 0。 \end{cases}$$

(3) Sigmoid 函数

如图 3-3 (c) 所示,

$$f(x) = \frac{1}{1 + e^{-\lambda x}}, \quad \lambda > 0。$$

(4) 对称阈值函数

如图 3-3 (d) 所示,

$$f(x) = \begin{cases} 1, & x \geq 0, \\ -1, & x < 0。 \end{cases}$$

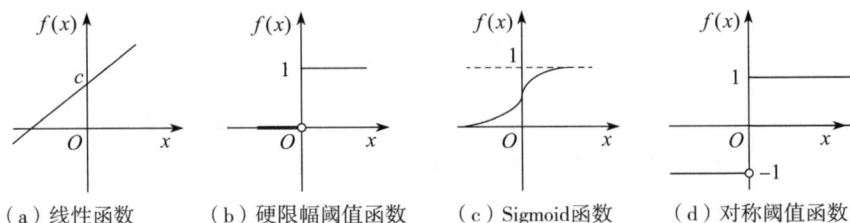

（a）线性函数　　（b）硬限幅阈值函数　　（c）Sigmoid函数　　（d）对称阈值函数

图3-3　常用的作用函数

3.3.1.4　神经网络学习的方式和分类

神经网络的学习主要包括：

①权值的学习；

②节点函数的学习；

③拓扑结构的学习。

其中，权值的学习用得最为广泛，其学习的过程是按某种预定的度量通过调节自身权值来实现线性或非线性映射关系的过程。

学习方式包括以下几种方式。

①有导师学习，学习流程如图3-4所示。

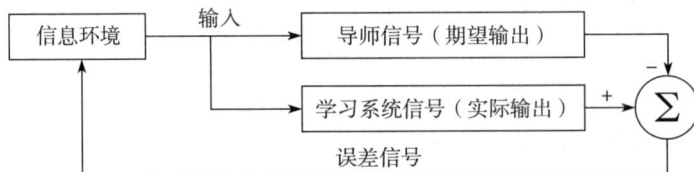

图3-4　有导师学习流程

②无导师学习，学习流程如图3-5所示。

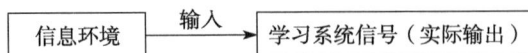

图3-5　无导师学习流程

③强化学习，学习流程如图3-6所示。

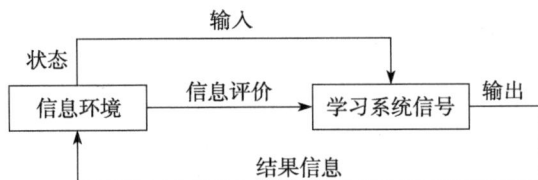

图3-6　强化学习流程

3.3.2　神经网络学习的基本原理和改进

3.3.2.1　神经网络学习的基本原理

本小节研究采用有导师学习的 BP 神经网络模型，对岩体力学参数与力学行为之间的线性/非线性关系进行映射。学习过程[92-93] 如下所述。

①正向传播过程，输入信息从输入层经中间隐含层逐层处理后传向输出层，每一层神经元的状态只影响下一层神经元的状态。

②反向传播过程，若在输出层得不到期望的输出，则转入反向传播，即计算实际输出与期望输出的误差，将误差信号沿原来的神经元连接通路返回。在返回过程中，根据误差值反向逐层调节层间权值，这个过程不断迭代，最后使得信号误差在允许的范围之内。

现以神经网络对手写 "A" "B" 这 2 个字母的识别为例说明其基本原理，规定当 "A" 输入网络时，应该输出 "+1"，而当输入为 "B" 时，应该输出为 "0"。因此，网络学习的准则应该是：如果网络做出错误的判断，则通过网络的学习，应使得网络减少下次犯同样错误的可能性。

首先，给网络的各连接权值赋予 [0，1] 区间内的随机值，然后，将 "A" 所对应的图像模式输入网络，网络将输入模式加权求和、与阈值比较，再进行非线性运算，得到网络的输出。在此情况下，网络输出为 "+1" 和 "0" 的概率各为 50%，也就是说，这完全是随机的。这时如果输出为 "+1"，即如果结果正确，则使连接权值增大，以便使网络再次遇到 "A" 模式输入时，仍然能做出正确的判断；如果输出为 "0"，即结果错误，则把网络连接权值朝着减小综合输入加权值的方向调整，其目的在于使网络下次再遇到 "A" 模式输入时，减小犯同样错误的可能性。如此操作调整，当给网络轮番输入若干个手写字母 "A" "B"，按以上学习方法进行若干次学习后，网络判断的正确率将大大提高。

这说明神经网络对这 2 个模式的学习已经获得了成功，并已将这 2 个模式分布地记忆在网络的各个连接权值上。当网络再次遇到其中任何一个模式时，能够做出迅速、准确的识别和判断。通常来说，网络中所含的神经元个数越多，那么它能记忆、识别的模式也就越多。

3.3.2.2 BP 神经网络学习算法

BP 神经网络由输入层、隐含层及输出层组成。其中，隐含层可有一个或多个，每层由多个神经元组成，各层神经元仅与相邻层神经元之间有连接，各层内神经元之间无任何连接，各层神经元之间无反馈连接。输入信号先向前传播到隐节点，经过变换函数后，把隐节点的输出信息传播到输出节点，经过处理后再给出输出结果，节点的变换函数选取 Sigmoid 函数。隐含层采用 S 型对数或正切激活函数，而输出层采用线性传输函数。

现假设 BP 神经网络共 L 层，对于给定的 P 个样本，即 P 个对应的输入-输出，采用 $\boldsymbol{X}_k$，$\boldsymbol{T}_k$（$k=1$，2，$\cdots$，P）表示。其中，$\boldsymbol{X}_k$ 为第 k 个样本的输入向量：$\boldsymbol{X}_k=(x_{k1}, x_{k2}, \cdots, x_{kM})^{\mathrm{T}}$，$M$ 为输入向量维数；$\boldsymbol{T}_k$ 为第 k 个样本期望输出向量：$\boldsymbol{T}_k=(t_{k1}, t_{k2}, \cdots, t_{kN})^{\mathrm{T}}$，$N$ 为期望输出向量维数。神经网络的实际输出向量为：$\boldsymbol{O}_k=(o_{k1}, o_{k2}, \cdots, o_{kN})^{\mathrm{T}}$。

当输入第 k 个样本时，对于网络中第 i（$i=1$，2，$\cdots$，$L-1$）层的第 j 个神经元的预测输出表达式为：

$$net_{jk}^{(l)} = \sum_{i=1}^{n_{L-1}} W_{ji}^{(l)} O_{ik}^{(l-1)} + \theta_j^{(l)}, \qquad (3-1)$$

$$O_{jk}^{(l)} = f_j(net_{jk}^{(l)}), \qquad (3-2)$$

式中，$W_{ji}^{(l)}$ 表示前一层第 i 个神经元到后一层第 j 个神经元的连接权值，n_{L-1} 表示第 $L-1$ 层的节点数，$O_{ik}^{(l-1)}$ 表示第 j 个神经元的当前输入，$O_{jk}^{(l)}$ 表示第 j 个神经元的输出，$\theta_j^{(l)}$ 表示单元 $u_j^{(l)}$ 的阈值，f_j 表示非线性可微非递减函数。

取 S 型函数作为非线性的传输函数，其表达式为：

$$f_j(x) = \frac{1}{1+\mathrm{e}^{-x}}, \qquad (3-3)$$

则输出层为：

$$O_{jk}^{(l)} = f_j(net_{jk}^{(l)}) = \frac{1}{1+\mathrm{e}^{-net_{jk}^{(l)}}}, \qquad (3-4)$$

在 Sigmoid 传输函数下有：

$$f_j'(net_{jk}^{(l)}) = \frac{\mathrm{d}O_{jk}^{(l)}}{\mathrm{d}net_{jk}^{(l)}} = O_{jk}^{(l)}(1-O_{jk}^{(l)})。 \qquad (3-5)$$

故，隐含层节点 j 的误差项为：

$$\delta_{jk}^{(l)} = f_j'(net_{jk}^{(l)}) \sum \delta_k^{(l)} w_{jk}^{(l)} = O_{jk}^{(l)}(1 - O_{jk}^{(l)}) \sum \delta_k^{(l)} w_{jk}^{(l)}, \qquad (3-6)$$

输出层单元的误差项为：

$$\delta_{jk}^{(l)} = f_j'(net_{jk}^{(l)})(T_{jk}^{(l)} - O_{jk}^{(l)}) = O_{jk}^{(l)}(1 - O_{jk}^{(l)})(T_{jk}^{(l)} - O_{jk}^{(l)}), \qquad (3-7)$$

式中，$T_{jk}^{(l)}$ 表示逐层计算输出。

对某一组学习模式的误差定义为：

$$E_k = \frac{1}{2} \sum_{j=1}^m (T_{jk}^{(l)} - O_{jk}^{(l)})^2, \qquad (3-8)$$

神经网络学习的目的是实现对每一个样本的误差达到最小，从而保证网络总

误差 $E = \sum_{k=1}^p E_k$ 极小化。

从第 j 个输入到第 i 个输出的权值的调整量为：

$$\Delta w_{ji} = -\eta \frac{\partial E_k}{\partial w_{ji}^{(l)}}, \qquad (3-9)$$

采用同样的求解方式，得到从第 j 个输入到第 i 个输出的阈值的调整量：

$$\Delta \theta_{ji} = -\eta \frac{\partial E_k}{\partial w_{ji}^{(l)}}, \qquad (3-10)$$

式中，$\dfrac{\partial E_k}{\partial w_{ji}^{(l)}} = \dfrac{\partial E_k}{\partial net_{ji}^{(l)}} \dfrac{\partial net_{ji}^{(l)}}{\partial w_{ji}^{(l)}} = O_{jk}^{(l)}(1 - O_{jk}^{(l)}) O_{ik}^{(l-1)}$，$\eta$ 为学习步长。

在实际的学习过程中，学习速率 η 对学习过程的影响很大，η 越大权值变化越剧烈。实际应用中，通常是在不导致振荡的前提下取尽量大的 η 值。为了使学习速率足够快而又不易产生振荡，往往在 δ 规则中加上一个"势态项"进行修正，修正后的权值和阈值的计算公式为：

$$w_{ji}(t + 1) = w_{ji}(t) + \eta \delta_j O_{ki} + \alpha[w_{ji}(t) - w_{ji}(t - 1)], \qquad (3-11)$$

$$\theta_j(t + 1) = \theta_j(t) + \eta \delta_j + \alpha[\theta_j(t) - \theta_j(t - 1)]. \qquad (3-12)$$

式中，α 是决定过去权重的变化对目前权重变化的影响程度的一个常量，t 为迭代次数。

BP 神经网络学习过程如图 3-7 所示，图中 $i = 1, 2, \cdots, n_1$；$j = 1, 2, \cdots, r$；$k = 1, 2, \cdots, n_2$。BP 神经网络模型学习算法流程如图 3-8 所示。

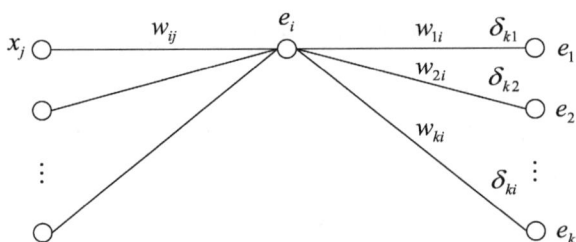

图 3-7　BP 神经网络学习过程

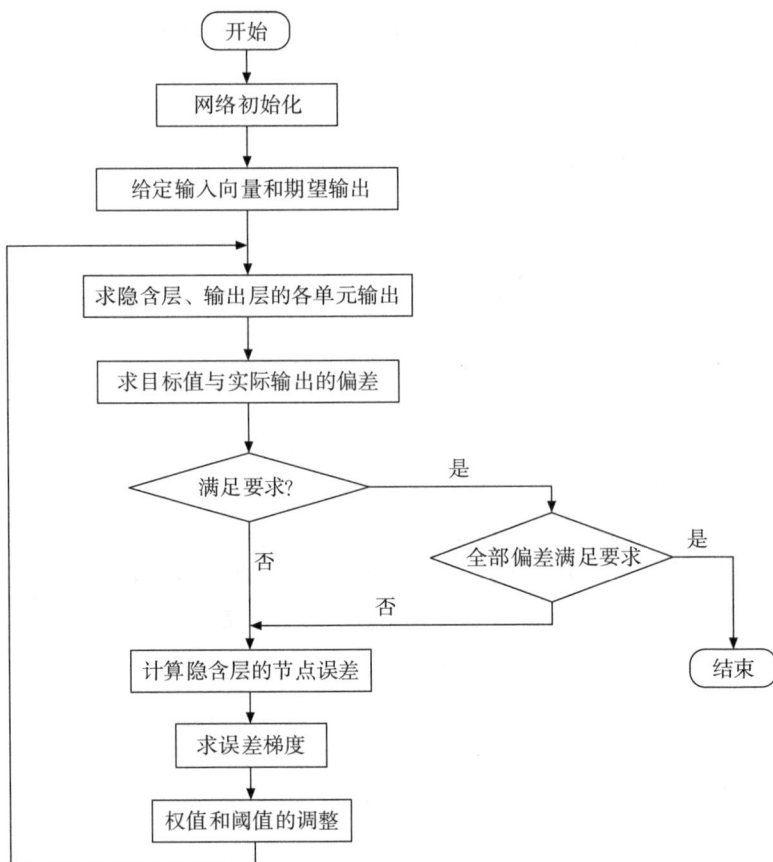

图 3-8　BP 神经网络模型学习算法流程

3.3.3　网络模型性能的评价准则

对于人工神经网络模型，采用了均方误差（mean square error，MSE）

和关系系数（R-值）两个评价准则来对训练后的人工神经网络模型性能进行评价[94-95]。MSE 主要是用来检测人工神经网络模型的训练过程的性能是否满足输出预测的要求，是采用目标输出和预测输出的差值平方的均值来进行判断的，其表达式为：

$$MSE = \frac{1}{N}\sum_{k=1}^{N}(T_k - O_k)^2,\qquad(3\text{-}13)$$

式中，N 是代表样本的数量值，T_k 和 O_k 分别是网络模型的期望输出和预测输出。

采用关系系数（R-值）对神经网络模型的参数拟合情况进行分析，它通过网络模型的目标输出和期望输出的线性回归分析获得，其值的取值范围是（0，1）。R-值越大，说明网络模型的预测越接近真实值 1，如果是 0，说明输入值和输出值之间没有直接关系，表达式为：

$$R = \frac{\sum_{k=1}^{N}(T_k - \overline{T})(O_k - \overline{O})}{\sqrt{\sum_{k=1}^{N}(T_k - \overline{T})^2}\sqrt{\sum_{k=1}^{N}(O_k - \overline{O})^2}}。\qquad(3\text{-}14)$$

式中，"—"代表平均值。

3.4　遗传算法的基本原理

遗传算法由美国 John Holland 教授于 20 世纪 60 年代首先提出的[96]。遗传算法是一个基于自然选择和基因原理的全局搜索和优化技术。该算法能有效对线性和非线性问题进行最优或接近最优解的搜索。概括起来，遗传算法包括 2 种操作[96]：进化（选择）操作和遗传操作（如交叉和变异）。遗传算法的搜索策略是从一系列问题的解开始的，这些解通常称为种群，由几个个体组成。作为潜在问题解的个体，首先通过一系列的鲁棒性并行迭代计算，然后基于人工神经网络模型的预测值和监测信息建立的目标函数对计算结果进行评价，最后得到最优个体，即所研究问题的解[97]。

3.4.1　选择操作

在进行最优值求解的时候，首先需要建立问题的适应度函数，然后将问题的适应度函数转换为最大值问题或最值问题。本研究采用轮盘法对初始个体进行选择，从而建立其种群作为父体，然后这些父体通过一系列交叉、变异操作产生新的个体[98-99]。轮盘法选择是依据个体的适应度值计算每个个体在子代中出现的概率，并按照此概率随机从旧种群中选择个体构成父代新种群的。轮盘法选择策略的出发点是适应度值越好的个体被选择的概率越大。因此，在求解最大化问题的时候，可以直接采用适应度值来进行选择。在遗传算法中，轮盘法用来选择求解最大化问题的策略可总结为：

①基于人工神经网络预测值和监测信息，建立遗传算法适应度函数，其表达式为：

$$f(x) = \beta\left(\frac{1}{M}\sum_{k=1}^{M}(|y_k - x_k|)\right), \qquad (3-15)$$

式中，y_k 为神经网络第 k 个节点的期望输出，x_k 为神经网络第 k 个节点的预测输出，M 是神经网络输出节点数，β 是系数。

②设 $x_k^i = [x_1^i, x_2^i, \cdots, x_M^i]$ 代表第 i 个个体，计算第 i 个个体的适应度值 X_i：

$$X_i = f(x_k^i), \ i = 1, 2, \cdots, N_{pop\text{-}size}, \qquad (3-16)$$

式中，$N_{pop\text{-}size}$ 为遗传算法的一个种群的最大个体数量。

③将种群中每一个个体的适应度值叠加，得到总的适应度函数值 X：

$$X = \sum_{i=1}^{N_{pop\_size}} X_i。 \qquad (3-17)$$

④每一个个体的适应度值除以总的适应度值得到个体被选择的概率，每一个个体的被选择概率 P_i 的表达式为：

$$P_i = \frac{X_i}{X}, i = 1, 2, \cdots, N_{pop\_size}。 \qquad (3-18)$$

⑤计算个体的累积概率以构造一个轮盘，那么个体的累积概率 P_k^c 的表达式为：

$$P_k^c = \sum_{i=1}^{k} P_i, k = 1, 2, \cdots, N_{pop\_size}。 \qquad (3-19)$$

最后是轮盘选择，即产生一个在 [0，1] 区间的随机数，若该随机数大于个体 k 的累积概率，小于或等于个体 l 的累积概率，则选择个体 l 进入子代新种群。重复上述步骤，使得到的个体组成新一代种群。

3.4.2　交叉操作

交叉操作，也叫重组，是从旧种群中以一定概率选择 2 个个体，通过个体中的 2 个基因交换组合，从而组成新的优秀个体来构成新种群。以"一切点法"为例说明交叉操作的过程，现设被选择的个体 1 的基因为 [**1100 001111**]，被选择的个体 2 的基因为 [**0111100001**]，假设所选择的切点位置为 4，交换的部分为左半部分，交换后的结果为：[**0111001111 1**] 和 [**1100100001**]。如果交叉概率设为 30%，就是期望有 30% 的个体进行交叉，那么交叉操作的基本编码可以作如下描述：

```
Start
0→k
    while(k<N_max-population)do
random numer from [0,1]→ r_k;
    if r_k<0.3 then
    select Z_k as one parent for crossover,    #Z_k 是被选择的第 k 个个体
    end
    k+1→ k;
  end
end
```

当个体采用实数编码时，所采用的交叉操作为实数交叉法，第 i 个个体 Z_i 和第 h 个个体 Z_h 在 j 位置上的交叉操作为：

$$\begin{cases} Z'_{ij} = Z_{ij}r + Z_{hj}(1 - r), \\ Z'_{hj} = Z_{hj}r + Z_{ij}(1 - r), \end{cases} \tag{3-20}$$

式中，Z'_{ij} 和 Z'_{hj} 分别为新的个体，Z_{ij} 和 Z_{hj} 分别为旧的个体，r 为范围 [0，1] 的随机值。

3.4.3　变异操作

变异操作是指从种群中选择一个个体中的一个或者多个基因进行变异，

然后产生更优秀的个体，该操作主要是用来保持个体的多样性。现在设变异概率为5%，即期望有5%的种群基因发生变异，如最大种群数为50，每个个体的基因因素为10，在种群中有50×10=500个因素，那么在每次迭代产生中期望500×5%=25个因素变异。选取第 k 个个体的第 l 个基因 V_{kl} 进行变异的操作方法为：

$$V'_{kl} = \begin{cases} V_{kl} + r(V_{min} - V_{kl}) \times \left(1 - \dfrac{G_{cur}}{G_{max}}\right)^2, & r \leqslant 0.5, \\[3mm] V_{kl} + r(V_{kl} - V_{max}) \times \left(1 - \dfrac{G_{cur}}{G_{max}}\right)^2, & r > 0.5, \end{cases} \qquad (3-21)$$

式中，V'_{kl} 是变异后的新基因，V_{kl} 是旧基因，V_{max} 和 V_{min} 分别是基因 V_{kl} 的上限和下限，G_{cur} 和 G_{max} 分别是迭代产生的当前数和最大值数，r 代表的是范围 [0, 1] 的随机值。

3.5 遗传 BP 神经网络的岩体力学参数预测模型研究

本节以煤矿爆破振动特征参量预测案例来验证遗传 BP 神经网络模型的有效性和实用性。爆破振动效应，常用煤矿爆破振动特征参量，如爆破振动速度、主频率及其持续时间等的定量描述。它是影响煤矿自身、周边建筑物、边坡、工程设施等安全的重要因素，如何准确预测爆破振动特征参量，优化爆破参数和预防爆破振动产生的灾害是目前亟待解决的问题。爆破振动特征参量的影响因素主要分为 2 类[100-101]：一类是主观因素，如爆孔的布置及特征，药量药性的选择，抵抗线的确定等；另一类是客观因素，如地形特征及条件、岩体物理及力学性质等。不难看出，这些影响因素带有很大的地域性、随机性和模糊性，很难将它们完整地统计出来，并准确找出各因素之间的相关关系。

为了解决矿区爆破振动产生的危害大、影响因素多、特征参量监测结果离散和计算非线性的问题，本研究建立了基于遗传算法优化 BP 神经网络的煤矿爆破振动特征参量预测模型。该模型利用遗传算法对 BP 神经网络参数进行优化设计，使 BP 神经网络更好地拟合煤矿爆破振动参数与特征参量之间的非线性关系，并采用优化的 BP 神经网络模型对煤矿爆破振动特征参量进行了准确的预测。通过布沼坝煤矿监测数据验证该模型，结果表明模型预测值与实际值的相对误差在 10% 以内，说明在此提出的人工智能模型预测方法在解决非线性问题方面具有有效性、实用性和优越性的特点。从而为煤矿确定最优爆破方案和爆破参数，保证爆破安全，预防爆破可能产生的危害提供了新的方法。

目前，可通过解析法和数值法对爆破振动特征参量进行预测。就解析法而言，对爆破振动峰值速度的预测主要采用萨道夫斯基公式进行计算。而对爆破振动频率的预测多是一些经验公式，如张立国等[100] 提出的相似准数方程；传统的数值方法主要是基于爆破振动因素通过数值计算定性分析爆破振动特征参量，这 2 个方法主要适用于爆破振动影响因素与特征参量之间的关系是线性的、确定的和参数在 3 个以内的。事实上，爆破振动影响因素与爆破振动特征参量之间的关系具有明显的非线性和不确定性。为此，一些学者和工程技术人员引用了能自适应于复杂多变量非线性关系系统的 BP 神经网络对工程爆破振动参数或特征参量进行预测，结果表明：BP 神经网络预测的结果较经验公式的计算结果精度高，取得了不错的效果[101]。但是，BP 神经网络模型的预测效果往往受初始权值和阈值随机性的影响，易发生振荡和陷入局部最优，从而影响 BP 神经网络的预测精度。因此，本研究结合煤矿爆破实际情况，提出了采用遗传算法（GA）优化的 BP 神经网络煤矿爆破振动特征参量预测模型，以便达到提高 BP 神经网络的预测稳定性和精度的目的，为控制爆破安全和优化爆破方案及参数提供参考。

3.5.1　遗传优化 BP 神经网络模型

3.5.1.1　BP 神经网络模型的评价指标

本研究采用 BP 神经网络模型预测煤矿爆破振动特征参量，评价该模型预测性能和精度的标准分别是拟合曲线的关系系数和爆破振动特征参量的均方误差。对于拟合曲线的关系系数 R，其值在 0~1，其值越接近 1，说明 BP 神经网络模型的预测精度越高。对一般工程问题，要求 R 的值不能小于 0.8，关系系数 R 的表达式如下所示：

$$R = \frac{\sum\limits_{i=1}^{n} t_i p_i}{\sqrt{\sum\limits_{i=1}^{n} t_i^2} \sqrt{\sum\limits_{i=1}^{n} p_i^2}} \circ \tag{3-22}$$

爆破振动特征参量的 MSE 值越接近 0，说明 BP 神经网络模型训练得越好。对一般工程问题，要求训练样本的 MSE 值不能大于 0.5，其表达式如下所示：

$$MSE = \frac{1}{n} \sum\limits_{i=1}^{n} (P_i - T_i)^2, \tag{3-23}$$

式中，n 是学习样本数量；P_i 和 T_i 分别是 BP 神经网络爆破振动特征参量的预测值和目标值；满足 $p_i = P_i - P_{ave}$，$t_i = T_i - T_{ave}$；P_{ave} 和 T_{ave} 分别是它们相对应的平均值。

3.5.1.2　遗传算法适应度函数的确定

遗传算法是一种随机全局最优化搜索算法，主要通过遗传操作来找到想要的最优值，其遗传操作包括选择、交叉和变异 3 种。要利用 GA 去优化 BP 神经网络模型的权值和阈值，需建立一个适应度函数来评价 GA 个体的优劣，同时该函数是个体选择的依据。本报告个体适应度函数值 F 的定义为权值和阈值的预测输出和目标输出之间的误差绝对值和 E 向减小的方向进化，表达式如下所示：

$$F = \min E = \min\left(\alpha \sum\limits_{k=1}^{m} | P_k - T_k | \right), \tag{3-24}$$

式中，α 是系数；m 是网络的输出节点数量；P_k 和 T_k 分别是 BP 神经网络的预测爆破振动特征参量和目标输出爆破振动特征参量。

3.5.1.3　结合遗传算法和神经网络的多参数预测模型

本研究分别基于遗传算法和 BP 神经网络模型的优点，建立了 GA-BPNN 爆破振动特征参量预测模型，该模型包括 3 个部分：BP 神经网络模型初始化、GA 优化 BP 神经网络模型的权值和阈值及 BP 神经网络预测爆破振动特征参量。首先，基于实际工程问题，设计 BP 神经网络模型，包括网络的拓扑结构、学习速率、传输函数等，根据设计的网络拓扑结构确定 BP 神经网络权值和阈值的长度，进而确定 GA 种群中个体的长度，并进行遗传基因编码。然后，建立适应度函数，执行遗传操作，如选择、交叉、变异，并将进化后的个体（最优权值和阈值）赋给 BP 神经网络模型。最后，BP 神经网络模型通过训练和测试，进行爆破振动特征参量仿真预测。遗传优化 BP 神经网络爆破振动特征参量的预测算法流程如图 3-9 所示。

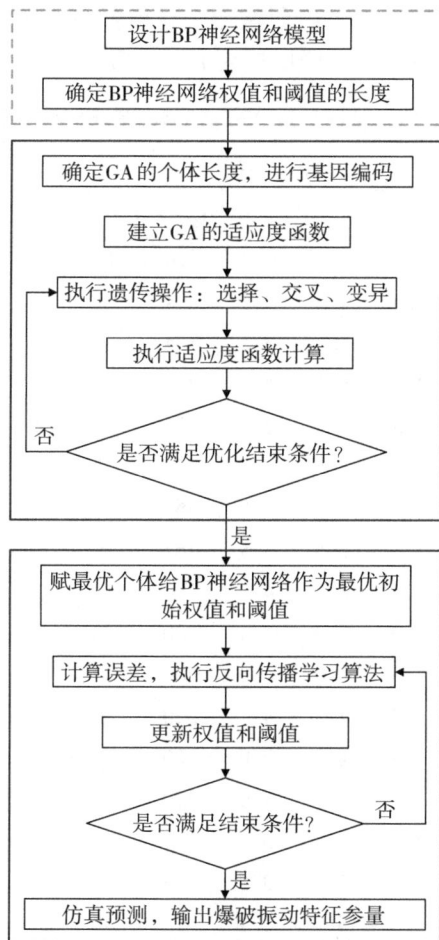

图 3-9　遗传优化 BP 神经网络爆破振动特征参量的预测算法流程

3.5.2　遗传优化 BP 神经网络预测模型的参数设计

3.5.2.1　学习样本及神经网络模型参数确定

本研究选择布沼坝露天煤矿生产爆破影响因素参数和监测爆破振动参量

的 20 组数据作为 BP 神经网络的学习样本，5 组数据为测试样本，详细数据如表 3-1 所示[102]。在众多爆破振动影响因素中，经过分析选择了 8 个主要的煤矿爆破参数作为 BP 神经网络的输入层节点，它们是孔深 d、孔距 L、排距 l、抵抗线 W、堵塞 s、最大段药量 Q、高程差 H、爆心距 b；预测的爆破振动特征参量分别是爆破振动峰值速度 v 和主频率 f。

表 3-1　爆破振动特征参量 BP 神经网络预测模型机器学习样本

样本序号	网络输入参数								网络目标输出	
	d/m	L/m	l/m	W/m	s/m	Q/kg	H/m	b/m	v/cm·s^{-1}	f/Hz
1	7.2	4.5	3.5	4.3	3.2	304	17	200	1.809	17.09
2	7.2	4.5	3.5	4.3	3.2	304	21	245	1.326	16.77
3	7.2	4.5	3.5	4.3	3.2	304	32	297	0.987	16.49
4	8.7	5.0	3.5	6.3	3.2	355	34	180	2.300	17.72
5	8.7	5.0	3.5	6.3	3.2	355	28	242	1.460	17.23
6	7.4	5.0	3.5	6.5	3.5	467	23	170	2.890	18.65
7	7.4	5.0	3.5	6.5	3.5	467	27	290	1.270	17.75
8	7.4	5.0	3.5	6.5	3.5	467	29	390	0.810	17.30
9	8.7	5.5	4.0	6.6	4.0	380	18	267	1.300	17.28
10	7.6	5.5	4.0	5.0	4.0	500	38	210	2.164	18.49
11	7.6	5.5	4.0	5.0	4.0	500	33	256	1.598	18.15
12	8.6	5.5	3.5	4.5	4.0	520	20	290	1.347	18.07
13	8.6	5.5	3.5	4.5	4.0	520	27	332	1.095	17.86
14	8.6	5.5	3.5	4.5	4.0	520	35	357	0.979	17.75
15	8.1	4.5	4.0	5.5	3.5	375	39	179	2.386	17.89
16	8.1	4.5	4.0	5.5	3.5	375	48	268	1.286	17.23
17	9.8	5.0	4.0	6.1	3.7	412	38	266	1.365	17.52
18	9.8	5.0	4.0	6.1	3.7	412	48	313	1.064	17.27
19	11.7	5.5	4.5	6.2	3.5	399	46	288	1.189	17.30
20	11.7	5.5	4.5	6.2	3.5	399	39	333	0.952	17.08
21	7.2	4.5	3.5	4.3	3.2	304	29	378	0.683	16.15
22	8.7	5.0	3.5	6.3	3.2	355	18	368	0.769	16.61
23	7.6	5.5	4.0	5.0	4.0	500	29	320	1.136	17.79
24	8.6	5.0	4.0	6.5	3.2	248	46	358	0.668	15.68
25	11.7	5.5	4.5	6.2	3.5	399	48	385	0.763	16.87

初步设定 BP 神经网络结构为 8-6-8-2，如图 3-10 所示，从而确定 BP 神经网络模型中的权值长度为 $8×6+6×8+8×2=112$，阈值长度为 $6+8+2=16$，所以需要遗传算法优化的个体编码长度为 $112+16=128$。BP 神经网络的最大训练迭代次数为 $1×10^5$，目标误差指标为 $1×10^{-5}$，学习速率为 0.05，选用 Learngdm( ) 作为训练函数，隐含层使用 Hypertan 函数，输出层使用 Logsigmoid 函数以保证数值范围在 0～1。

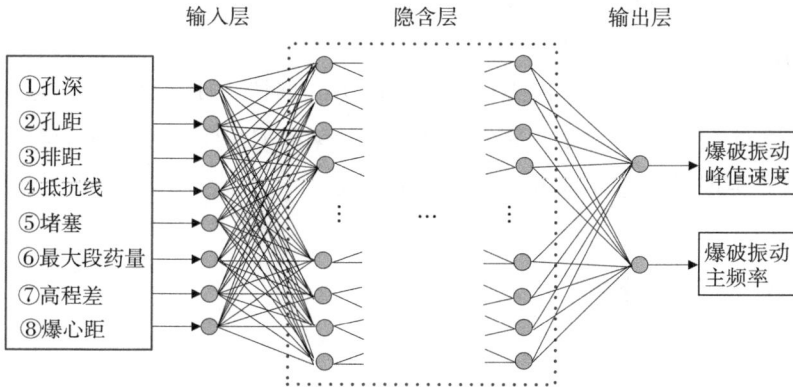

图 3-10　爆破振动特征参量 BP 神经网络预测模型

3.5.2.2　遗传算法的参数设计

（1）最大迭代次数（I_{maxgen}）

遗传算法目前还没有一个确定的优化终止条件，通常采用最大迭代次数来控制，可以根据经验和数据的复杂程度在 100～1000 取整数值，本次优化取最大迭代次数 $I_{maxgen}=300$。

（2）种群规模（S_{pop}）

种群规模的大小直接影响个体的多样性和个体目标性能评价的快慢，即太小多样性不够，太大收敛速度慢。根据问题的复杂程度，一般在 10～100 取整数值，本文选择 40 作为种群规模。

（3）选择操作（P_e）

轮盘算法选择个体策略就是基于适应度函数的比例关系——个体适应度值越小，被选择的概率就越大，所以个体被选中的概率表达式为：

$$P_e = \frac{f_e}{\sum\limits_{e=1}^{s_{pop}} f_e},\qquad(3-25)$$

$$f_e = \frac{1}{F_e}, \qquad (3-26)$$

式中，S_{pop} 是种群个体数目；f_e 是个体 e 的目标函数值的倒数。

（4）交叉操作（P_c）

交叉操作是基于选择概率表达式选中的个体之间通过交叉算子实现优化个体的目的。用来判断所选择个体是否交叉的概率取 $P_c = 0.5$，以保证染色体产生的随机性和保持已组成种群的优良模式。

（5）变异操作（P_m）

变异操作主要是用来提高局部搜索能力和保持个体多样性的，用来判断所选择个体是否变异的概率取 $P_m = 0.1$，以保证 GA 优化搜索时能在局部搜索空间中实现对染色体基因编码结构的优化。

3.5.3 算例分析

3.5.3.1 遗传 BP 神经网络预测模型的检验结果分析

本研究将采用在布沼坝露天煤矿实际工程爆破引起问题的治理过程中监测到的数据，对遗传优化 BP 神经网络爆破振动特征参量的预测算法进行应用检验分析。预测模型的输入参数为爆破振动影响因素，如表 3-2 所示[103-104]。基于这些爆破振动影响因素，本研究采用 GA-BP 神经网络模型对其爆破振动特征参量进行预测分析，同时将其预测结果与王建国等[103]分别采用 BP 神经网络模型和常规经验公式获得的结果，以及实测结果进行比较分析。

表 3-2　GA-BP 神经网络模型 5 组预测样本输入值

样本序号	网络输入参数							
	d/m	L/m	l/m	W/m	s/m	Q/kg	H/m	b/m
1	9.2	5.5	3.5	6.0	3.8	456	48	210
2	9.2	5.5	3.5	6.0	3.8	456	39	289
3	9.6	5.0	4.0	5.7	3.2	234	45	365
4	11.8	5.5	3.5	6.5	3.8	476	51	368
5	11.8	6.0	3.5	6.2	3.4	368	52	289

图 3-11 是在遗传算法对 BP 神经网络模型的阈值和权值的优化过程中，适应度值随遗传算法迭代的个体进化过程图。平均适应度和最优适应度的结果表明，遗传算法在进行全局优化搜索时，既保证了种群中个体的多样性，又保证了算法的快速收敛和最优值发现，从而优化了 BP 神经网络模型的阈值和权值，提高了 BP 神经网络模型的预测准确度。

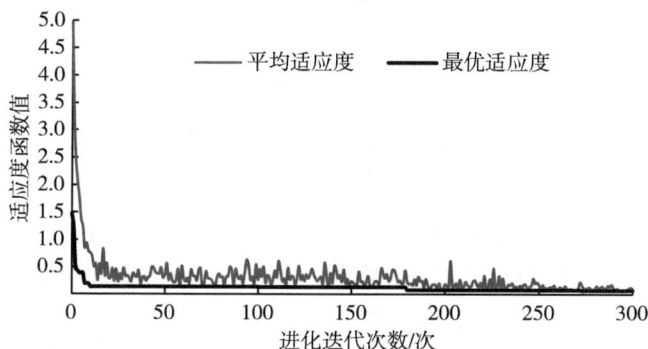

图 3-11　遗传算法进化迭代过程

图 3-12 是训练样本和测试样本的 BP 神经网络迭代训练 MSE 变化曲线，其中，训练样本的最小 MSE 是 0.0199。图 3-13 是 GA 优化后的 BP 神经网络模型预测输出爆破振动特征参量和目标输出的回归分析关系系数及拟合情况分析。从图 3-12 可以看出，遗传算法优化的 BP 神经网络模型只需经过 10 次迭代的训练就能得到最优的网络结构；从图 3-13 可知，训练样本和测试样本的关系系数 R 均大于 0.9，这说明 GA 对 BP 神经网络的优化有效地保证了网络结构的收敛速度和稳定性。

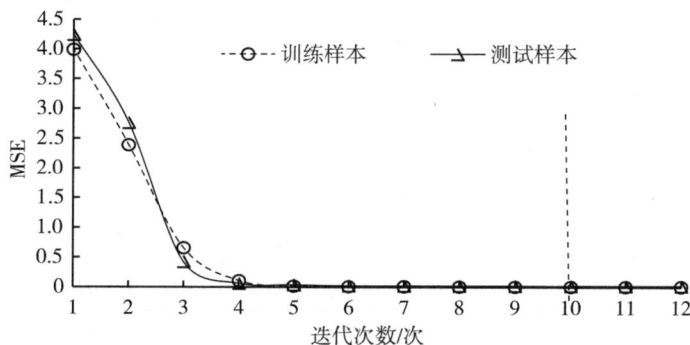

图 3-12　遗传优化 BP 神经网络训练结果

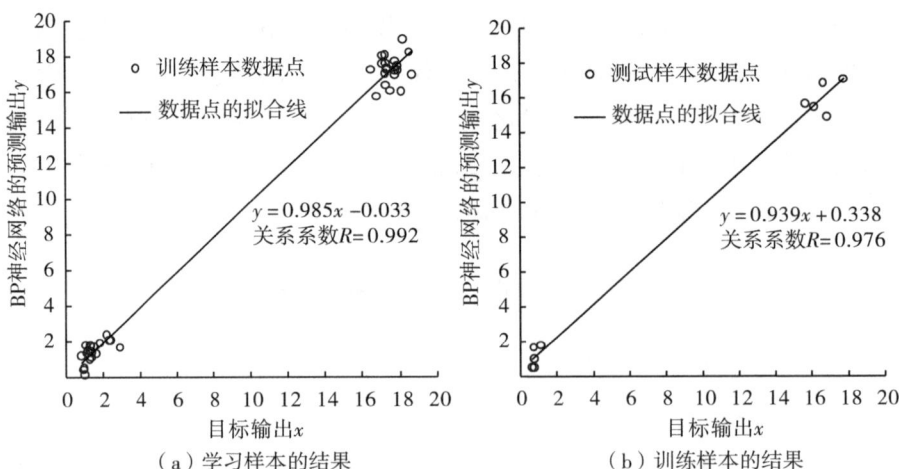

（a）学习样本的结果　　　　　　（b）训练样本的结果

图 3-13　GA-BP 神经网络模型的回归分析关系系数及拟合

3.5.3.2　预测结果分析

表 3-3 给出了实测、经验公式计算、BP 神经网络模型预测和 GA-BP 神经网络预测爆破振动峰值速度的结果及它们之间的误差。表 3-4 给出了实测、经验公式计算、BP 神经网络模型预测和 GA-BP 神经网络预测爆破振动主频率的结果及它们之间的误差。

表 3-3　爆破振动峰值速度的结果对比分析

样本序号	爆破振动峰值速度 v/cm·s^{-1}				与实测的绝对误差/cm·s^{-1}			与实测的相对误差/%		
	实测值	计算	BP	GA-BP	计算	BP	GA-BP	计算	BP	GA-BP
1	2.207	1.846	2.0378	2.4022	0.361	0.169	0.1952	16.35	7.66	8.84
2	1.158	1.409	1.2903	1.1825	0.251	0.132	0.0245	21.67	11.42	2.11
3	0.598	0.721	0.6994	0.5483	0.123	0.101	0.0497	20.56	16.95	8.31
4	0.781	0.934	0.9026	0.8174	0.153	0.122	0.0364	19.59	15.56	4.66
5	1.014	1.278	1.1366	0.9642	0.264	0.123	0.0498	26.03	12.09	4.91
	最大误差值				0.361	0.169	0.1952	26.03	16.95	8.84

表 3-4　爆破振动主频率的结果对比分析

样本序号	爆破振动主频率 f/Hz				与实测的绝对误差 f/Hz			与实测的相对误差/%		
	实测值	计算	BP	GA-BP	计算	BP	GA-BP	计算	BP	GA-BP
1	16.48	20.03	18.21	17.657	3.546	1.73	1.1771	21.52	10.50	7.14
2	16.78	19.45	17.69	15.929	2.673	0.91	0.8512	15.93	5.42	5.07
3	16.98	15.65	15.51	17.468	1.330	1.47	0.4880	7.83	8.66	2.87
4	15.64	19.18	17.44	16.988	3.540	1.80	1.3477	22.63	11.51	8.62
5	19.47	17.35	17.06	19.191	2.120	2.41	0.2795	10.89	12.38	1.44
最大误差值					3.546	2.41	1.3477	22.63	12.38	8.62

从表 3-3 和表 3-4 的比较结果可知，基于 GA-BP 神经网络模型预测的爆破振动峰值速度和主频率与实测值的最大相对误差分别是 8.84% 和 8.62%，而理论计算值和 BP 神经网络预测值与实测值之间的最大相对误差分别是 26.03%、22.63%，16.95%、12.38%。由此可见，在样本较少的情况下，采用 GA 优化 BP 神经网络模型预测的爆破振动特征参量比理论计算和 BP 神经网络模型得到的结果更精确。

上述研究结果说明：采用布沼坝露天煤矿实际工程爆破监测数据为学习和预测样本，通过 GA-BP 神经网络模型预测的检验结果，以及与经验计算公式和 BP 神经网络预测结果进行对比分析，可知 GA-BP 神经网络模型较 BP 神经网络预测模型解决复杂非线性问题的能力更强，而且不易陷入局部极小值，稳定性更好，预测结果与实际值吻合得更好。从本研究使用的样本数量情况可知，采用遗传算法优化 BP 神经网络模型预测爆破振动特征参量，可以有效地解决在实际工程中样本资料较少的情况下，如何保证预测效果的问题，从而为小样本、多因素影响的煤矿爆破振动特征参量预测提供了一种切实有效的方法。

3.6　人工智能多参数反演识别研究

3.6.1　人工智能多参数反演识别模型

人工神经网络模型和遗传算法相结合组成了人工智能位移和压力反分析

模型，对岩体力学参数进行确定。在该模型中，人工神经网络模型是用来映射岩体力学参数和力学行为之间的线性和非线性关系，并结合场地监测信息建立适应度函数关系。遗传算法是基于适应度函数关系用来在一个大的搜索空间中搜索到最优的解，即岩体力学参数。混合人工神经网络和遗传算法人工智能多参数识别模型的框架如图3-14所示。采用混合人工神经网络模型和遗传算法的岩体力学参数特征化模型进行岩体力学参数评价的流程如下所述。

第一步：建立适当的人工神经网络模型，包括初步确定网络类型、算法、隐含层数、计算节点数和激活函数等。

第二步：初始化网络的权值和阈值。

第三步：采用网络学习样本对初始的神经网络模型进行训练，通过训练来优化人工神经网络模型的权值和阈值。

第四步：评价网络模型的训练情况。如果网络输出和目标输出的 MSE 值达到要求或达到迭代次数，则训练终止。否则，回到第三步。

第五步：检查网络模型的 MSE 值和数据回归结果。

第六步：确定人工神经网络模型是否可以映射网络输入和网络输出之间的关系，如果网络模型的 MSE 值和数据结果都满足要求，则保存该网络模型，并利用该模型建立遗传算法目标函数，否则回到第一步。

第七步：初始化遗传算法参数，如种群大小 N_{pop_size}，迭代数 N_{max_gen}，交叉概率 P_c，变异概率 P_m 等，以及遗传算法的搜索范围。为了有效地执行遗传优化全局搜索，本研究采用真数值编码。

第八步：在给定的岩体力学参数搜索范围内产生初始候选解，并组成相应的种群。

第九步：回到第六步，输入候选解到建立的人工神经网络模型中，利用训练好的网络模型预测与岩体力学参数对应的位移。

第十步：利用目标函数方程评价种群中当前个体的拟合值。

第十一步：如果所有的个体都被评价，将记录最好个体到下一步；否则回到第九步。

第十二步：如果获得最优解，算法结束，输出裂隙刚度、水平原场应力和弹性参数，以及对应的井筒位移量，否则到下一步。

第十三步：执行遗传操作，如选择、交叉、变异。基于这些遗传操作重新创建遗传算法的种群。

第十四步：重复第十三步直至产生新的 N_{pop_size} 个种群。

第十五步：用新的个体代替旧的个体，组成新的种群。

第十六步：采用新的个体组成的新种群重新执行第九步。

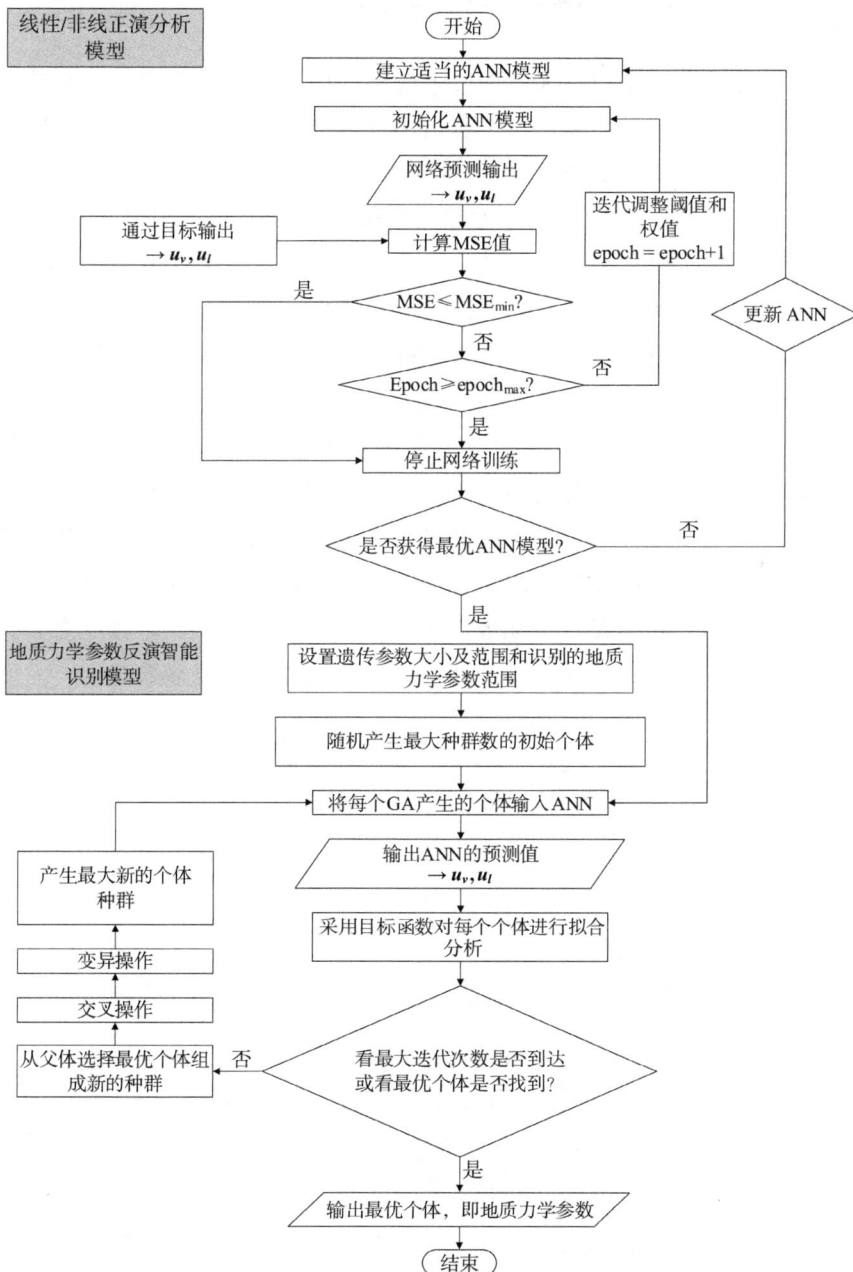

图 3-14 人工智能岩体力学参数特征化模型

3.6.2　传统水压致裂法应力测量原理

岩体初始地应力是指在天然条件下地下岩体所承受的应力，主要是由于构造运动和重力引起的，是进行工程岩体力学属性确定，岩体工程设计、施工和检测加固的必要前提条件[104-105]。直接测试岩体初始地应力的方法主要包括：套心应力解除法、应变恢复法、USBM 和 CSIRO 套孔法、微震声学法、井筒变形法、水压致裂法和数值估算法[106-107]。水压致裂法作为测量最小原场主应力的最有效方法，其优点是适用于任意地层深度，但采用传统的计算理论，存在测量的最小地应力较实际值偏大和需要提前知道弹性参数等不足。

采用传统水压致裂过程中的压力值确定地应力的基本思路[108-109] 是：通过对选定的测量深度（常称压裂段）泵入流体增压以致在孔壁围岩上产生裂隙，裂隙的发展大致沿最大原场主应力方向；同时利用计算机数字采集系统记录压力随时间的变化曲线，如图 3-15 所示。对实测记录变化曲线进行分析，得到压力特征参数，如破裂压力 p_b、关闭压力 p_s、重张压力 p_r，再基于相应的理论公式，计算出相应地层深度的原场地应力参数。

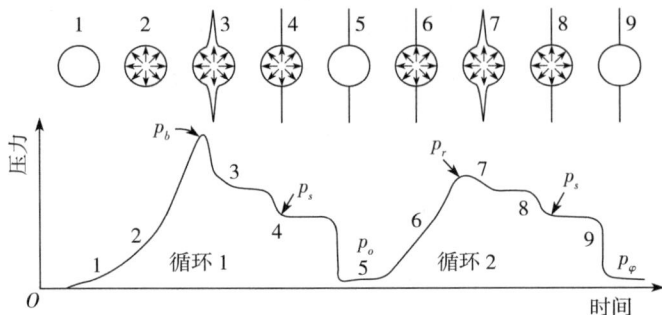

1—刚开始往井筒中注入水；2—井筒周围已经产生水压力；3—产生水力压裂的裂隙；4—随着水压力的减小产生的裂隙闭合；5—第一个循环完成；6—第二个水力压裂循环开始；7—闭合的裂隙在水压力作用下再次裂开；8—随着第二循环的结束裂隙再次闭合；9—第二个水力压裂循环完成。

图 3-15　2 个压裂循环的压力随时间变化的曲线[111]

最小主应力 σ_{min} 的大小近似按维持裂隙张开的瞬时闭合压力 p_s 计算，其表达式为：

$$\sigma_{min} = p_s, \tag{3-27}$$

对于压裂液体不可渗透的多孔介质，最大原场主应力 $\sigma_{\max}$ 的大小可以利用下列公式计算：

$$\sigma_{\max} = 3\sigma_{\min} - p_r - p_p, \tag{3-28}$$

式中，p_p 为孔隙水压力；p_r 为重张压力。

对压裂液体可渗透的多孔介质，最大原场主应力 $\sigma_{\max}$ 的大小可以利用下列公式计算：

$$\sigma_{\max} = 3\sigma_{\min} - \frac{\alpha(1-2v)}{1-v}(p_b + p_p) - 2p_b + \sigma_t, \tag{3-29}$$

式中，v 为泊松比；p_b 为破裂压力；α 为 Biot 孔隙弹性参数 ［0，1］。

由上述公式可知，准确客观地确定最小原场主应力最为重要，主要因为最小原场主应力的误差会在最大原场主应力计算中扩大 3 倍。采用传统理论公式进行最大原场主应力的确定还与孔隙水压力、抗拉强度等有关。另外，水压致裂过程中记录的压力与原场地应力之间并不是一个线性关系。因此，采用一个多参数识别方法同时对 3 个原场主应力进行确定是很有必要的。

随着反演理论与方法的不断完善，利用监测数据进行岩体力学参数确定在岩体工程中已得到了广泛的应用。根据计算方法的不同，反分析方法主要分为 3 种：解析法、数值法和智能反演法[110]。解析法通常利用简化的数学模型和条件，对岩体力学参数进行反向求解；而传统的数值法主要利用数值计算对岩体力学参数进行定量分析，以至于它们只适用于简单线性关系。然而，对于具有复杂结构和机制的岩体工程非线性问题，计算智能反演方法通常是一种有效的解决手段[111]。

3.6.3　工程算例概述

为了进行糯扎渡水电站工程区的工程设计、施工等工程操作，原场地应力是必须准确快速地获得的基本岩体力学参数，由于传统水力压裂原场地应力测量法不能有效地测得最大原场主应力参数，这就要求基于已知的测量参数找到一个合适的方法来有效测量最大和最小原场主应力。本算例是针对复杂岩体工程的应力测量，基于监测的水压致裂过程中的井底压力值，利用混合人工神经网络和遗传算法的压力人工智能反演模型对地应力进行确定，从而达到提高应力测量精度的目的，为应力测量提供一种新的、有效的方法。

本算例以参考文献［112-114］糯扎渡水电站工程区岩体钻孔所获得的水压致裂地应力测量数据为基础，利用混合 ANN-GA 压力反演分析模型进行该地区的地应力的反演。在压力预测过程中，利用该工程区 ZK1 和 ZK2 钻井资料对 ANN 计算模型进行建立和训练，使其能最大限度地代表井孔压力与应力参数之间的非线性关系，以保证 ANN 模型能准确地预测压力。ZK1 和 ZK2 钻孔井都为竖直井，井口高程分别为 830.39 m 和 817.81 m，静水位高程分别为 130 m 和 95 m，井深为 250 m。其中，该工程区的岩性上层为砂岩，下层为花岗岩；上层井的直径为 91 m，下层井的直径为 76 m。

3.6.4　神经网络模型的参数设置

以糯扎渡水电站工程区岩体钻孔水压致裂应力测量的 20 组数据作为本算例 ANN-GA 体系压力反演分析模型的学习样本。表 3-5 给出的是训练样本和检验样本的网络计算输入和期望输出，这些样本在网络计算时还会被随机分为训练样本、验证样本和测试样本[112-114]。从中选择 15 个作为训练样本，余下的 5 个作为测试样本，同时 ANN 模型会随机从 20 个学习样本中选择 20%作为检验样本。

表 3-5　ANN-GA 模型的学习样本数据

单位：MPa

序号	网络的输入参数				网络的期望输出			
	σ_t	σ_{max}	σ_{min}	σ_v	P_b	P_r	P_s	P_o
训练样本								
1	7.5	5.3	3.4	1.15	12.4	4.9	3.4	0
2	2	6.1	3.55	1.6	6.55	4.55	3.55	0
3	6.5	8.88	4.69	2.04	11.7	5.19	4.69	0
4	3.5	7.66	4.33	2.43	8.83	5.33	4.33	0
5	1	6.96	4.53	3.02	7.53	6.53	4.53	0.1
6	1.5	7.63	5.2	3.5	9.2	7.7	5.2	0.27
7	2.5	10.79	5.85	3.93	8.85	6.35	5.85	0.41

序号	网络的输入参数				网络的期望输出			
	σ_t	$\sigma_{\max}$	$\sigma_{\min}$	σ_v	P_b	P_r	P_s	P_o
8	2	12.37	7.45	4.23	11.45	9.45	7.45	0.53
9	6	15.04	8.61	4.7	16.11	10.11	8.61	0.68
10	2	13.79	7.85	5.37	10.85	8.85	7.85	0.91
11	2.5	13.39	7.46	5.69	10.46	7.96	7.46	1.03
12	4.5	12.92	7.14	4.77	11.64	8.14	7.14	0.36
13	7	16.14	9.21	6.43	17.21	10.21	9.21	1.28
14	4.55	13.72	7.79	6.68	12.84	8.29	7.79	1.36
15	6.55	15.82	8.89	6.95	15.94	9.39	8.89	1.46
测试样本								
16	4.5	13.74	8.47	5.74	15.47	10.97	8.47	0.7
17	10	14.34	8.07	6.04	19.07	9.07	8.07	0.8
18	6.25	12.97	7.21	6.46	13.96	7.71	7.21	0.95
19	8.75	14.07	8.3	6.7	18.55	9.8	8.3	1.03
20	3.5	15.44	9.87	6.9	16.87	13.37	9.87	1.1

人工神经网络结构如图 3-16 所示。人工神经网络模型的输入、输出值如下所述：

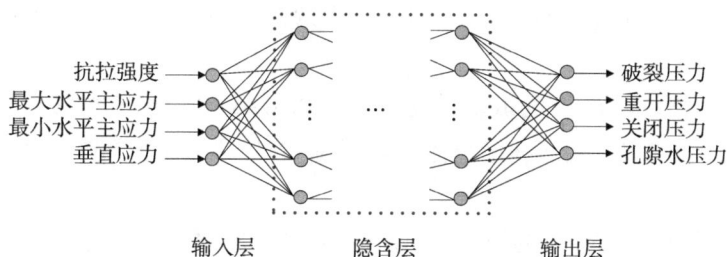

图 3-16　人工神经网络结构

（1）输入因素

①抗拉强度 σ_t；

②最大水平主应力 $\sigma_{\max}$；

③最小水平主应力 $\sigma_{\min}$；

④垂直应力 σ_v。

（2）输出因素

①破裂压力 p_b；

②重开压力 p_r；

③关闭压力 p_s；

④孔隙水压力 p_o。

（3）参数设置

人工神经网络模型的初始化参数设定为：误差指标 goal $= 1\times10^{-5}$；最大的训练步数 epochs $= 1\times10^4$；学习率 lr $= 0.1$；训练函数选用函数 Learngdm（）。

3.6.5　遗传算法的参数设置

在 GA 优化搜索中，利用二进制编码，对一些 GA 初始化参数，目前主要依靠具体问题的仿真结果和经验来设定，下面针对遗传算法的参数设置进行讨论并确定：

①种群规模（N_p）的大小一般是 20~100，基于笔者的研究经验，对于识别参数为 4，种群规模取 80，既能保证个体的多样性，又能使个体在适应性评价时的收敛速度不至于太慢。

②终止进化代数（N_g）一般取 100~1000 的整数，由于 GA 没有明确的搜索终止条件，通常利用 N_g 控制 GA 搜索何时终止，本算例取进化代数 $N_g = 200$。

③交叉概率（P_c）的取值范围一般是 0.4~0.9，基于本书优化参数的数量，取 $P_c = 0.7$，既能满足个体产生的随机性，也不至于破坏种群中已形成的优良模式。

④变异概率（P_m）的取值范围一般是 0.005~0.5，为了兼顾在 GA 优化搜索过程中不出现局部最优和大步跳跃，在此取 $P_m = 0.05$。

地应力参数的搜索范围为：

抗拉强度 0~15 MPa；最大应力 2 MPa~25 MPa；最小应力 2 MPa~20 MPa；垂直应力 0~10 MPa。

结合参考文献［115］中的水压致裂过程中监测的井底压力值和人工神

经网络模型的遗传算法目标函数,对该工程岩体的岩体力学参数进行反演,监测的水力压力值如下所述:

破裂压力 13.67 MPa;重开压力 9.12 MPa;关闭压力 8.12 MPa;孔隙水压力 1.19 MPa。

3.6.6　结果与分析

3.6.6.1　人工神经网络模型的结果

基于上述设定的人工智能岩体力学参数特征化模型参数,利用建立的压力反演分析模型执行应力参数识别。在 ANN 模型中,包括 4 个输入因素和 4 个输出结果。通过比较不同 ANN 结构隐含层数的网络评价结果,发现 4-6-10-4 形式的网络结构有最优的表现。训练、验证、测试样本随迭代的均方误差的变化曲线如图 3-17 所示,经过 14 次的训练后,预测输出与期望输出之间的均方误差趋于真实值 0,其中训练样本的最小 MSE 值为 0.005。网络预测输出与期望输出及相关系数如图 3-18 所示,"Y=T"代表预测值等于目标值的函数关系,其中"Y"代表预测值函数,"T"代表目标值,是 Target 的缩写,所有相关系数值 R 都大于 0.85。从 2 个图的结果可知,人工神经网络模型在经过训练后,其拟合的网络很强健,能够较好地代表地应力参数与水压致裂井底压力值之间的线性/非线性关系,为建立遗传算法地应力参数优化确定的适应度函数提供基础。

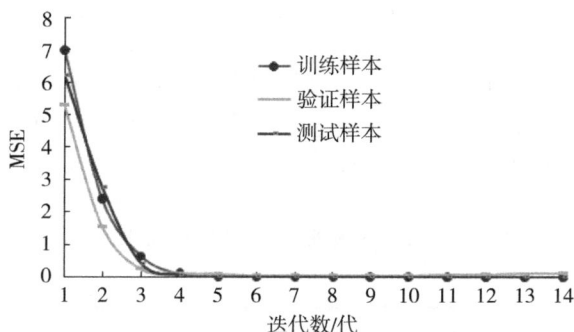

图 3-17　训练、验证、测试样本随迭代的均方误差变化的曲线

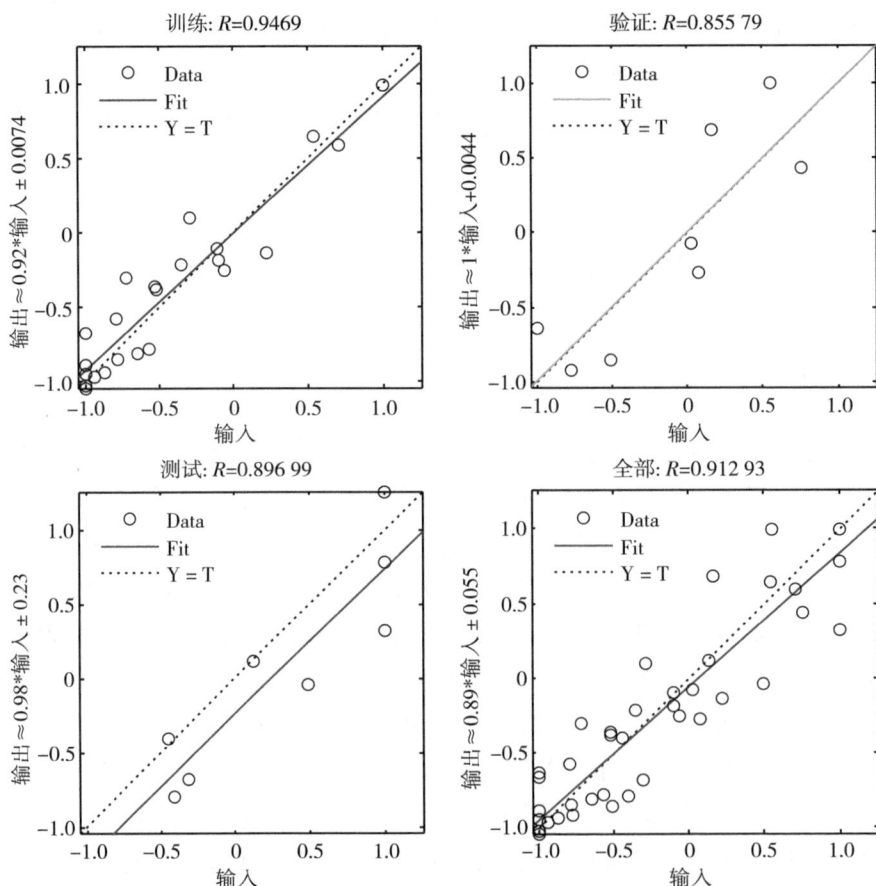

图 3-18　网络预测输出与期望输出及相关系数

3.6.6.2　岩体力学参数的识别结果

基于人工神经网络模型和场地监测的水压致裂井底压力值建立的适应度函数关系，在 GA 经过 200 次遗传迭代后得到的最优适应度函数的最小值是 0.06，识别的应力结果如表 3-6 所示。

表 3-6　地应力实测值与网络模型识别值的比较

单位：MPa

名称	σ_t	σ_{max}	σ_{min}	σ_v
理论值	4.55	14.05	8.12	6.18
识别值	4.75	14.17	7.97	6.19

续表

名称	σ_t	σ_{max}	σ_{min}	σ_v
绝对误差	0.20	0.12	0.15	0.01
相对误差	4.4%	0.85%	1.8%	0.16%

图 3-19 是种群中个体平均适应度和最优适应度随进化代数变化的收敛过程。从图 3-19 中的平均适应度值可知,当种群最优适应度函数向最优解收敛时,种群中的个体保持着较好的多样性,这保证了遗传算法在进行大范围全局最优解的搜索时没有陷入局部最优的搜索,从而选出了最优值,即应力参数值。

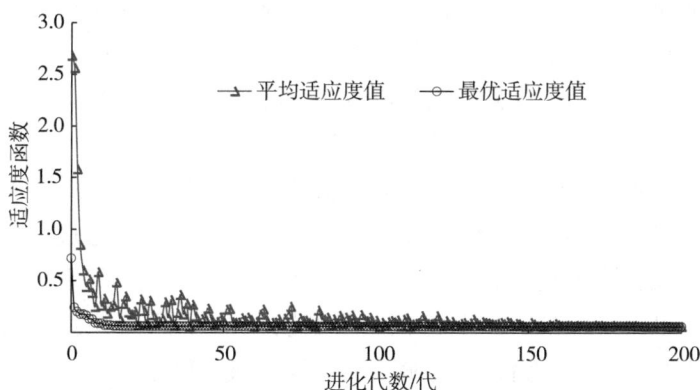

图 3-19　适应度函数的收敛过程

为了进一步验证识别应力参数的准确性。基于得到的破裂压力 p_b、关闭压力 p_s、重张压力 p_r 和孔隙水压力 p_o,利用相应的传统水压致裂原场地应力参数确定理论公式对该地层的应力参数进行计算[116-117]。

设上覆岩体的容重 $\gamma = 28.4$ kN/m³,上覆岩体的厚度 $h = 217.4$ m,则垂直应力 σ_v 为:

$$\sigma_v = \gamma h = 6.17 \text{ MPa}。$$

最小水平主应力 σ_{min} 的大小按维持裂隙张开的瞬时闭合压力 p_s 计算:

$$\sigma_{min} = p_s \approx 8.12 \text{ MPa}。$$

对于压裂液体不可渗透的多孔介质,最大水平主应力 σ_{max} 的大小为:

$$\sigma_{max} = 3\sigma_{min} - p_r - p_o \approx 14.05 \text{ MPa}。$$

识别值和理论计算之间的比较如表 3-6 所示。由结果比较可知,混合

ANN-GA 压力反演分析模型识别的应力参数与理论值基本一致。其中，识别的最小水平主应力参数略小于理论值，根据参考文献［118］的结论，即最小水平主应力一般略小于关闭压力值，可以知道混合 ANN-GA 识别的应力参数更接近真实值。

3.7 本章小结

本章介绍了岩体力学参数预测模型和反演方法模型，即遗传算法优化人工神经网络模型和混合 ANN-GA 组成的人工智能压力反演分析模型及原理。给出了布沼坝煤矿爆破振动特征参数和糯扎渡水电站工程区地应力测量的算例，同时对其识别的结果进行比较分析。主要内容如下所述：

①介绍了遗传算法优化人工神经网络预测模型和人工智能岩体力学参数反演识别的模型，以及适用范围和基本原理。

②以布沼坝露天煤矿实际工程爆破监测数据为学习和预测样本，验证了遗传算法优化 BP 神经网络预测模型的实用性和有效性。通过遗传 BP 神经网络模型的预测模型结果和经验计算公式的对比，以及 BP 神经网络模型本身的检验结果，可知 GA-BP 神经网络模型较 BP 神经网络预测模型能有效地映射复杂非线性关系，而且不易陷入局部极小值，稳定性更好，预测结果与实际值吻合得更好。与此同时，测试结果也说明采用遗传算法优化 BP 神经网络模型预测爆破振动特征参量，可以有效地解决在实际工程中样本数量较少的情况，如何保证预测效果的问题，从而为小样本、多因素影响的煤矿爆破振动特征参量预测提供了一种切实有效的方法。

③通过利用糯扎渡水电站工程区岩体钻孔水压致裂应力测量实测数据，对人工神经网络模型进行了训练，然后结合水力压裂井底压力值建立了基于混合 ANN-GA 的压力反演分析模型。通过对 ANN 模型的均方误差和相关系数的结果分析，以及对 GA 识别的结果与理论计算结果的对比，发现混合 ANN-GA 模型既可以用来解决复杂的非线性问题，又能进行多参数同时确定，且识别的结果与实际结果吻合较好。另外，从适应度函数随进化代数的变化的结果也可以发现混合 ANN-GA 模型收敛速度快、精度高。所以，混合 ANN-GA 的压力反演分析模型是确定复杂岩体力学参数的有效方法。

第4章 基于地面位移的岩体力学参数识别研究

4.1 概述

    有关石油地质力学数值模拟方面的研究分析需要准确的油藏及其围岩的岩体力学参数，如弹性模量 E、泊松比 v、内摩擦角 Φ、黏聚力 c。岩芯分析作为一个直接的岩体力学参数确定方法极为重要。然而，从原场中取出岩芯到实验室状态，其应力释放，地温变化、孔隙水压力释放，发生热和化学效应[121]，岩芯的原有应力机制已被改变，不能很好地代表研究地层的原始应力场。有关深部岩体力学参数的实验研究成果较多，其中 Holt 等[58] 基于实验室岩芯分析研究，发现由于取岩芯时的应力释放，实验室获得的岩体力学参数结果如下所述：

    ①弹性模量和内摩擦角小于真实值；

    ②泊松比大于真实值；

    ③基于不同的岩石材料，黏聚力大于或者小于真实值。

    另外，HORSRUD 等[119-121] 的研究表明，岩芯处理储存环境和岩芯的大小对分析结果也有着非常明显的影响。

    场地测试法作为一种地球物理的方法也常被用来确定石油动态的岩体力学参数，这种方法能反映岩体力学参数随深度变化的非线性特征[121]。然而，静态岩体力学参数作为数值模拟输入参数，要求把动态参数转换成静态参数，由于它们之间的映射关系随原场应力和应变振幅的变化而变化，所以从动态参数到静态参数的转换本身的不确定性给岩体力学参数识别带来了很大的不确定性，如 Raaen 等[122-123] 在石油工程中采用经验关系式确定内摩擦角和黏聚力，这个方法在进行岩体力学参数确定时需要对不同的工程场地给出不同的关系式。

反分析方法是指通过工程实体试验或施工和生产过程中岩体实际力学行为表现所产生的场地信息，反向确定工程技术设计、施工等所需要的参数。最近，由于反分析方法能准确地确定参数，因而在岩体工程中被广泛用来识别岩石或土的力学参数[124-125]。对于反分析方法，一种是逆解法，就是对描述系统行为的方程进行反算，基于方程的结果逆向解出未知量，可见逆解法只适用于有一个或者两个未知量的情况。另一种是直接反分析方法，它是数值模型不变，基于采用测量值与预测值的差值建立的目标函数，确定输入的基本未知量，组成部分如下所述：

①一个适当的计算模型，要求选择的计算模型能很好地反映出要研究的地层的应力/应变场，如有限元模型、有限差分模型、离散元模型。

②一个适当的目标函数。

③一个适当的优化算法，要求选择的优化算法有能力在大的搜索空间里找到最优解。主要有 2 种类型的优化算法，一是迭代优化算法，如贝叶斯法、高斯-牛顿法和 Levenberg-Marquardt 法；二是进化优化算法，如粒子群（PSO）、梯度优化法、遗传算法（GA）和模拟退火算法（SA）等。

本章在分析已有研究成果的基础上，采用有限差分法（FLAC3D）[126]建立了流-固多场耦合油气开采过程中力学行为的数值计算模型，同时，结合人工神经网络和遗传算法，提出了石油储层工程岩体的岩体力学多参数特征化模型。基于油气生产时所产生的地面位移信息，联合力学模型和识别模型对油藏及其围岩的岩体力学参数（油气层的 E，v，Φ，c 及其围岩的 E，v）进行确定。当详细的地下信息不能利用时，采用水准测量的光学仪器（Optical Instrument for Leveling，OIL）、全球定位系统（global positioning system，GPS）或合成孔径雷达干涉测量（interferometry synthetic aperture radar，InSAR）技术等[127-128] 监测工具，非常容易测得因油气生产引起的地面移动信息，因而油藏及其围岩的岩体力学参数特征化非常适合用于反分析方法，且具有极强的实用性。运用人工神经网络模型表达弹性模量 E、泊松比 v、内摩擦角 Φ、黏聚力 c 与地面位移信息之间的线性/非线性关系；运用遗传算法对岩体力学参数进行优化搜索确定。通过运用地质力学模型（FLAC3D）产生人工神经网络模型的训练、测试和验证样本，结合石油开采过程中监测的油气井周围地面位移信息，确定了岩体力学参数。

4.2　有限差分方法

有限差分方法（finite difference method，FDM）是一种数学计算概念，简称差分方法，它是将问题的求解域用有限个离散点构成的网格来代替，这些离散点称为网格节点，也是求解的未知量，然后以差分的形式来代替微分，把原方程和定解条件中的微商用差商来近似，积分用积分和来近似，于是原微分方程和定解条件就变成了代数方程组，即有限差分方程组。最后再利用插值方法便可以从离散解得到定解问题在整个区域上的近似解，也叫数值解。它包括显式差分法和隐式差分法。

由于有限差分法将问题的基本方程和边界条件以简单、直观的差分形式来表述，所以该方法在工程实际中特别是岩体力学与工程中得到了广泛的应用。近年来，有限差分方法程序在国内外都得到了广泛应用，使得有限差分方法在解决岩体力学问题上有超越有限元法的趋势。由于油气生产过程中涉及流体流动与岩石变形的耦合，同时涉及流体的流出而引起油气储层的压缩变形，进而导致油气井周围的移动，所以本章将采用有限差分方法中的孔隙弹塑性理论分析流体流过饱和孔隙介质的过程。

4.2.1　控制方程

4.2.1.1　平衡方程

在连续的固体介质中，可以概括为：

$$\rho \frac{\partial \dot{u}_i}{\partial t} = \frac{\partial \sigma_{ij}}{\partial x_i} + \rho g_i, \tag{4-1}$$

式中，ρ 表示物体密度，$\dot{u}_i$ 表示速度向量分量，t 表示时间，x_i 表示坐标向量的分量，g_i 表示重力加速度的分量，σ_{ij} 表示应力张量的分量。

在这个方程及以下的方程中，i 代表笛卡儿坐标系（Cartesian coordinates）下的不同分量，且表达式中有重复指标时意味着对其进行求和。

4.2.1.2 质量守恒方程

油气开采过程中的油藏压缩数值模拟质量守恒方程可表示为：

$$\frac{\partial \zeta}{\partial t} = - q_{i,i} + q_v, \tag{4-2}$$

式中，$q_{i,i}$ 表示流出与流入的变化量矢量（m/s），q_v 表示体积流体源的强度（1/s），ζ 表示单位体积流体体积的变化量。

4.2.1.3 本构方程

流体在孔隙介质中流动的本构方程表达式为：

$$\frac{\partial \zeta}{\partial t} = \frac{s}{M} \frac{\partial p}{\partial t} + n \frac{\partial s}{\partial t} + s \cdot \alpha \frac{\partial \varepsilon}{\partial t}, \tag{4-3}$$

$$\alpha = 1 - \frac{K}{K_s}, \tag{4-4}$$

$$M = \frac{K_f}{n + (\alpha - n)(1 - \alpha) K_f / K}, \tag{4-5}$$

$$K_f = \frac{\Delta P}{\Delta V_f / V_f}, \tag{4-6}$$

式中，n 表示孔隙度，s 表示饱和度，p 表示孔隙水压力，M 表示毕奥模量（N/m^2），ε 表示体积应变，α 表示毕奥系数，K 表示骨架体积模量，K_s 表示固体体积模量，K_f 表示流体体积模量，ΔP 表示孔隙压力变化量，$\Delta V_f / V_f$ 表示流体体积应变。

将式（4-2）代入式（4-3），即可得到流体连续性方程：

$$\frac{s}{M} \frac{\partial p}{\partial t} + n \frac{\partial s}{\partial t} + s \cdot \alpha \frac{\partial \varepsilon}{\partial t} = - q_{i,i} + q_v, \tag{4-7}$$

相应的本构方程为

$$d\sigma_{ij} + \alpha \frac{dp}{dt} \delta_{ij} = H(\sigma_{ij}, \varepsilon_{ij}, \kappa), \tag{4-8}$$

式中，$d\sigma_{ij}$ 表示应力增量，H 表示本构的函数形式，ε_{ij} 表示应变率，κ 表示历史参数，δ_{ij} 表示克罗内克函数（Kronecker delta），其表达式为：

$$\delta_{ij} = \begin{cases} 1, & i=j, \\ 0, & \text{其他。} \end{cases} \tag{4-9}$$

4.2.1.4　大、小应变模式

第 4.2.1.3 小节所描述的数值表达式可以表示包括大位移、大位移梯度和大旋转的变形。这也就是有限差分程序 FLAC^{3D} 中所说的大应变模式。在实际应用中，旋转是十分小的，以至于转动率分量 ω_{ij}-δ_{ij} 与单位量相比也是很小的，可以忽略不计。矢量 $\boldsymbol{\omega}$ 表示转动率张量，矢量 $\boldsymbol{I}$ 表示内力虚功率张量，$\boldsymbol{\omega}$ 可以用 $\boldsymbol{I}$ 来代替，以至于在进行应力增量计算时，应力修正项也可以忽略。在小位移和小位移梯度情况下，空间尺寸的变化可用初始值来表达。在有限差分程序 FLAC^{3D} 中，小应变模式假定为小位移、小位移梯度和小旋转。在这种模式中，节点坐标不需要更新，应力修正也不再考虑。

4.2.2　拉格朗日元法的基本原理

4.2.2.1　平面问题的差分方程

拉格朗日元法用差分方法求解，首先将研究区域分成网格，再将物理网格映射到数学网格上，如图 4-1 所示。图 4-1 中，数学网格上的某个编号为 i, j 的节点就与物理网格上相应节点的坐标 x，y 相对应。也可以想象数学网格是一张橡皮做的网，拉扯以后可以变为物理网格的形状，所分成的网格只要有序也可以具有不规则的形状，四边形、三角形等均可。采用任意形状的网格、大应变和不同的阻尼，按照 M. L. Wilkins 提出的差分格式进行计算，即将不规则的固定网格转换为由四边形单元组成的有限差分网格进行计算。

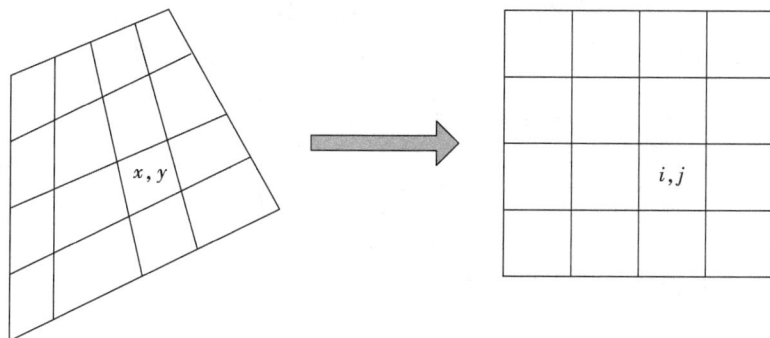

图 4-1　物理网格映射到数学网格上

如图 4-2 所示，对于一个弹性体，如果用相隔等间距 h 而平行于坐标轴的两组平行线织成正方形网格。可设 $\Delta x = \Delta y = h$ 和 $f = f(x, y)$ 为弹性体内的某一个连续函数，如在 3-0-1 上，该函数在平行于 x 轴的一根网线上，它只随 x 坐标的变化而变化。在邻近节点 0 处，函数 f 可展为泰勒级数，如下所示：

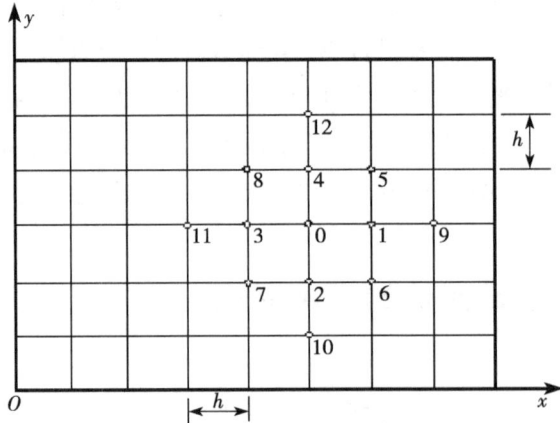

图 4-2　平面差分网格

$$f = f_0 + \left(\frac{\partial f}{\partial x}\right)_0 (x - x_0) + \frac{1}{2!}\left(\frac{\partial^2 f}{\partial x^2}\right)_0 (x - x_0)^2 + \frac{1}{3!}\left(\frac{\partial^3 f}{\partial x^3}\right)_0 (x - x_0)^3 + \cdots,$$

(4-10)

在每个节点处，当以节点 0 附近的点为研究对象时，在每个节点处，由 $(x - x_0) \to 0$，可知上述式子中 $(x - x_0)$ 的三次幂及 n 次幂 $[(x - x_0)^n, n \geq 3]$ 的各项的和更加接近于 0，所以可以将这些项忽略，可得：

$$f = f_0 + \left(\frac{\partial f}{\partial x}\right)_0 (x - x_0) + \frac{1}{2!}\left(\frac{\partial^2 f}{\partial x^2}\right)_0 (x - x_0)^2,$$

(4-11)

在节点 1 处 $(x = x_0 + h)$ 和节点 3 处 $(x = x_0 - h)$ 的连续函数表达式为：

$$\begin{cases} f_1 = f_0 + h\left(\frac{\partial f}{\partial x}\right)_0 + \frac{h^2}{2}\left(\frac{\partial^2 f}{\partial x^2}\right)_0 \\ f_3 = f_0 - h\left(\frac{\partial f}{\partial x}\right)_0 + \frac{h^2}{2}\left(\frac{\partial^2 f}{\partial x^2}\right)_0 \end{cases},$$

(4-12)

解得节点 1 处和节点 3 处的差分公式为：

$$\begin{cases} \left(\dfrac{\partial f}{\partial x}\right)_0 = \dfrac{f_1 - f_3}{2h}, \\[3mm] \left(\dfrac{\partial^2 f}{\partial x^2}\right)_0 = \dfrac{f_1 + f_3 - 2f_0}{h^2}, \end{cases} \qquad (4-13)$$

同理，可以解得别的网格 4-0-2 上的差分公式：

$$\begin{cases} \left(\dfrac{\partial f}{\partial y}\right)_0 = \dfrac{f_2 - f_4}{2h}, \\[3mm] \left(\dfrac{\partial^2 f}{\partial y^2}\right)_0 = \dfrac{f_2 + f_4 - 2f_0}{2h^2}, \end{cases} \qquad (4-14)$$

进而可以导出其他的差分公式：

$$\begin{cases} \left(\dfrac{\partial^2 f}{\partial x \partial y}\right)_0 = \dfrac{1}{4h^2}\left[(f_6 + f_8) - (f_5 + f_7) \right], \\[3mm] \left(\dfrac{\partial^4 f}{\partial x^4}\right)_0 = \dfrac{1}{h^4}\left[6f_0 - 4(f_1 + f_3) + (f_9 + f_{11}) \right], \\[3mm] \left(\dfrac{\partial^4 f}{\partial x^2 \partial y^2}\right)_0 = \dfrac{1}{h^4}\Big[4f_0 - 2(f_1 + f_2 + f_3 + f_4) + \\[2mm] \qquad\qquad\qquad (f_5 + f_6 + f_7 + f_8) \Big], \\[3mm] \left(\dfrac{\partial^4 f}{\partial y^4}\right)_0 = \dfrac{1}{h^4}\left[6f_0 - 4(f_2 + f_4) + (f_{10} + f_{12}) \right]。 \end{cases} \qquad (4-15)$$

通常情况下，将以相隔 $2h$ 的两节点处的函数值来表示中间节点处的一阶导数值的差分公式称之为中点导数差分公式；以相邻三节点处的函数值来表示一个端点处的一阶导数值的差分公式称之为端点导数差分公式。由于中点导数差分公式反映了节点两边的函数变化，而端点导数差分公式只反映了节点一边的函数变化，两式相比较而言，采用中点导数差分公式计算所得的结果精度较高一些。因此，中点导数差分公式的应用较为广泛，而通常只有中点导数差分公式不能有效地应用时，才采用端点导数差分公式进行求解。

如图 4-2 所示，将其网格的区域面积定义为 A，可以导出一般有限差分网格的差分通式为：

$$\frac{\partial f}{\partial x_i} = \frac{1}{A} \int_A \frac{\partial f}{\partial x_i} \mathrm{d}A。 \qquad (4-16)$$

三角形差分方程是由高斯散度定理的一般形式推导得出的，其形式如下所示：

$$\int_S \boldsymbol{n}_i f \mathrm{d}\boldsymbol{s} = \int_A \frac{\partial f}{\partial \boldsymbol{x}_i} \mathrm{d}A, \qquad (4-17)$$

式中，$\int_S$ 表示在封闭曲面边界周围的积分，$\boldsymbol{n}_i$ 表示曲面 S 的单位法向量，f 表示标量、向量或张量，$\boldsymbol{x}_i$ 表示坐标向量，ds 表示弧长增量。

定义在区域面积 A 上的梯度的均值 f 如下所示：

$$\frac{\partial f}{\partial \boldsymbol{x}_i} = \frac{1}{A} \int_A \frac{\partial f}{\partial \boldsymbol{x}_i} \mathrm{d}A, \qquad (4-18)$$

将式（4-18）代入式（4-17）得：

$$\frac{\partial f}{\partial \boldsymbol{x}_i} = \frac{1}{A} \int_S \boldsymbol{n}_i f \mathrm{d}\boldsymbol{s}。 \qquad (4-19)$$

对于一个三角形子单元，式（4-19）的有限差分格式可变为：

$$\frac{\partial f}{\partial \boldsymbol{x}_i} = \frac{1}{A} \sum (f) \boldsymbol{n}_i \Delta \boldsymbol{s}, \qquad (4-20)$$

式中，Δs 是三角形一边的长度。对三边进行求和，f 取平均值。

4.2.2.2 三维问题的差分方程

如图 4-3（a）所示，在有限差分 FLAC 3D 程序中，对于三维问题，先将具体的计算对象用六面体单元划分成有限差分网格，每个离散化后的立方体单元可进一步划分出若干个常应变三角棱锥体子单元。而在计算过程中，程序内部又将每个六面体分为以六面体角点为节点的常应变四面体的集合体，如图 4-3（b）所示，而变量均在四面体上进行计算，四面体单元的应力值和应变值为其内四面体的体积的加权平均。

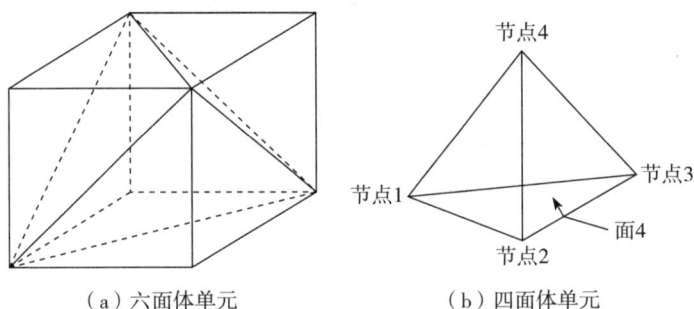

（a）六面体单元　　　　　（b）四面体单元

图 4-3　有限差分模型中六面体单元划分及其四面体

图 4-3（b）是节点编号从 1 到 4 的一个四面体，第 n 面表示与节点 n

相对的面，设其内任一点的速率分量为 v_i，则可应用高斯发散量定理于四面体单元推导出：

$$\int_V v_{i,j}\mathrm{d}v = \int_S v_i n_j \mathrm{d}s, \tag{4-21}$$

式中，V 表示四面体的体积，S 表示四面体的外表面，n_j 表示外表面的单位法向量的分量。

对于常应变单元，速度矢量 v_i 是线性变化的，n_j 在每个面上为常量，积分可得：

$$V_{v(i,\ j)} = \sum_{f=1}^{4} \bar{v}_i^{\,f} n_j^{(f)} S^{(f)}, \tag{4-22}$$

式中，上标 (f) 表示在 f 面上的关联变量的值，$\bar{v}_i$ 是速度分量 i 的平均值，对于线性变化，有：

$$\bar{v}_i^{\,f} = \frac{1}{3} \sum_{l=1,\ l \neq f}^{4} v_i^l, \tag{4-23}$$

式中，上标 l 表示节点 l 处的值。

将式（4-23）代入式（4-22）中，在节点和整个单元体中，速率的关系表达式为：

$$V_{v(i,j)} = \frac{1}{3} \sum_{l=1}^{4} v_i^l \sum_{f=1,f \neq l}^{4} n_j^{(f)} S^{(f)}, \tag{4-24}$$

在式（4-21）中，假定 v_i 是一个常量，应用散度定律，可得：

$$\sum_{f=1}^{4} n_j^{(f)} S^{(f)} = 0, \tag{4-25a}$$

利用式（4-25a）可以将式（4-24）化简为：

$$v_{i,j} = -\frac{1}{3V} \sum_{l=1}^{4} v_i^l n_j^l S^l, \tag{4-25b}$$

因此，可得应变速率张量的分量表达式为：

$$\varepsilon_{ij} = -\frac{1}{6V} \sum_{l=1}^{4} (v_i^l n_j^l + v_j^l n_i^l) S^l. \tag{4-26}$$

4.2.3　材料模型本构原理

4.2.3.1　莫尔-库仑模型

常用的莫尔-库仑模型的破坏包络线对应于莫尔-库仑判据（剪切屈服

函数）加上拉伸分离点（拉应力屈服函数），与拉应力流动法则相关联而与剪切流动不相关联。

（1）增量弹性法则

在有限差分计算模型中，莫尔-库仑模型的实现用到了主应力 σ_1、σ_2、σ_3 和平面外应力 σ_{zz}。主应力和主方向通过应力张量分量计算。

$$\sigma_1 \leqslant \sigma_2 \leqslant \sigma_3, \tag{4-27}$$

相应的主应变增量 Δe_1、Δe_2、Δe_3 可分解为：

$$\Delta e_i = \Delta e_i^e + \Delta e_i^p, \quad i = 1, 2, 3, \tag{4-28}$$

式中，上标 e 和 p 分别指弹性和塑性部分。

塑性分量只在塑性流动阶段不为零。胡克定律的主应力和主应变增量表达式为：

$$\begin{cases} \Delta\sigma_1 = \alpha_1 \Delta e_1^e + \alpha_2(\Delta e_2^e + \Delta e_3^e) \\ \Delta\sigma_2 = \alpha_1 \Delta e_2^e + \alpha_2(\Delta e_1^e + \Delta e_3^e), \\ \Delta\sigma_3 = \alpha_1 \Delta e_3^e + \alpha_2(\Delta e_1^e + \Delta e_2^e) \end{cases} \tag{4-29}$$

式中，$\alpha_1 = K + \dfrac{4}{3}G$；$\alpha_2 = K - \dfrac{2}{3}G$。

（2）屈服函数和势函数

按照式（4-27）的假定，在应力空间和（σ_1，σ_3）平面的破坏准则可以表示为图 4-4 所示的形式。根据莫尔-库仑屈服函数的定义，从 A 点到 B 点的破坏包络线表达式为：

$$f^s = \sigma_1 - \sigma_3 N_\varphi + 2c\sqrt{N_\varphi}, \tag{4-30}$$

式中，φ 是摩擦角；c 是黏聚力。

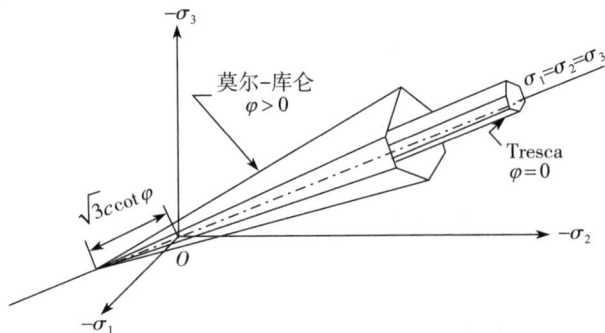

（a）主应力空间中的莫尔-库仑屈服面与 Tresca 屈服面的比较

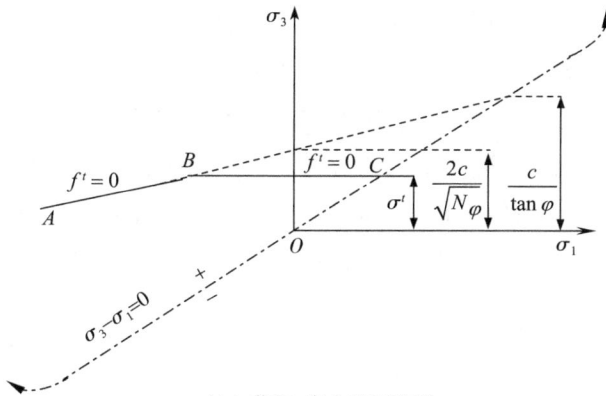

（b）莫尔–库仑破坏准则

图 4-4　岩体材料的莫尔–库仑模型及破坏准则

由 B 点到 C 点的拉应力屈服函数定义为：

$$f^t = \sigma^t - \sigma_3, \qquad (4-31)$$

式中，σ^t 是抗拉强度。

N_φ 的表达式为：

$$N_\varphi = \frac{1 + \sin\varphi}{1 - \sin\varphi}。 \qquad (4-32)$$

材料的强度不能超过如下定义的 $\sigma^t_{\max}$ 的值：

$$\sigma^t_{\max} = \frac{c}{\tan\varphi}。 \qquad (4-33)$$

剪切势函数 g^s 对应于非关联的流动法则，其表达式如下所示：

$$g^s = \sigma_1 - \sigma_3 \frac{1 + \sin\psi}{1 - \sin\psi}, \qquad (4-34)$$

式中，ψ 表示岩体材料的剪胀角，势函数 g^s 对应于拉应力破坏的相关联流动法则，其表达式如下所示：

$$g^s = -\sigma_3。 \qquad (4-35)$$

对于剪切–拉应力处于边界的情况，可以通过在三维应力空间中定义边界附近的混合屈服函数，来确定莫尔–库仑模型的流动法则。定义函数 $h(\sigma_1, \sigma_3) = 0$，用以表示（$\sigma_1$，$\sigma_3$）平面中 $f^s = 0$ 和 $f^t = 0$ 所代表曲线的对角线，此函数表达式为：

$$h = \sigma_3 - \sigma^t + \alpha^p(\sigma_1 - \sigma^p), \qquad (4-36)$$

式中，α^p 和 σ^p 是 2 个常量，其定义如下所示：

$$\alpha^p = \sqrt{1 + N_\varphi^2} + N_\varphi, \quad \sigma^p = \sigma^t N_\varphi - 2c\sqrt{N_\varphi}。 \qquad (4-37)$$

弹塑性假设和破坏准则不一致时，分别由（σ_1，σ_3）平面中位于区域 1 或区域 2（分别对应 $h=0$ 区域内"$-$"或"$+$"区域）确定，如图 4-5 所示。如果位于区域 1，说明是剪切破坏，应用由势函数 g^s 确定的流动法则，应力点回归到 $f^s = 0$ 的曲线上；如果位于区域 2，说明是拉应力破坏，应用由势函数 g^t 确定的流动法则，应力点回归到 $f^t = 0$ 的曲线上。

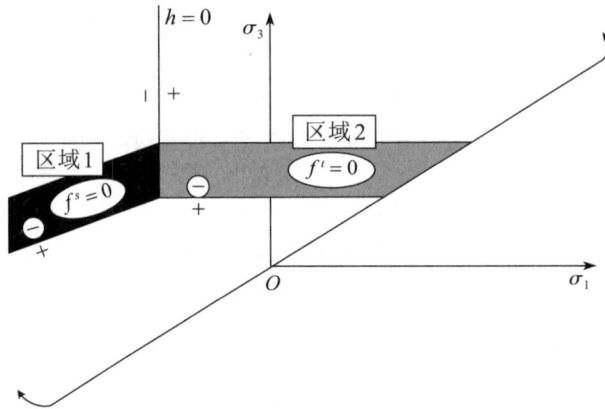

图 4-5　莫尔-库仑模型中用以定义流动法则的区域

（3）塑性修正

首先考虑剪切破坏，流动法则如下所示：

$$\Delta e_i^p = \lambda^s \frac{\partial g^s}{\partial \sigma_i}, \quad i = 1, 3, \qquad (4-38)$$

式中，λ^s 表示待定的参数，用式（4-34）中的 g^s，通过偏微分法求解以后，此式变为：

$$\begin{cases} \Delta e_1^p = \lambda^s, \\ \Delta e_2^p = 0, \\ \Delta e_3^p = -\lambda^s N_\varphi。 \end{cases} \qquad (4-39)$$

弹性应变增量可以通过总增量减去塑性增量，进一步利用上式得到流动法则，式（4-29）中的弹性法则变为：

$$\begin{cases} \Delta\sigma_1 = \alpha_1 \Delta e_1 + \alpha_2(\Delta e_2 + \Delta e_3) - \lambda_s(\alpha_1 - \alpha_2 N_\varphi), \\ \Delta\sigma_2 = \alpha_1 \Delta e_2 + \alpha_2(\Delta e_1 + \Delta e_3) - \lambda_s \alpha_2(1 - N_\varphi), \\ \Delta\sigma_3 = \alpha_1 \Delta e_3 + \alpha_2(\Delta e_1 + \Delta e_2) - \lambda_s(-\alpha_1 N_\varphi + \alpha_2)。 \end{cases} \qquad (4-40)$$

新旧的应力状态分别由上标 N 和 O 来表示，然后定义：

$$\sigma_i^N = \sigma_i^O + \Delta\sigma_i, \quad i = 1,2,3, \tag{4-41}$$

用此式代替式（4-40），并用上标 I 表示由弹性假设得到的应变和原来应变之和，由总应变计算得到的弹性增量为：

$$\begin{cases} \sigma_1^I = \sigma_1^O + \alpha_1\Delta e_1 + \alpha_2(\Delta e_2 + \Delta e_3), \\ \sigma_2^I = \sigma_2^O + \alpha_1\Delta e_2 + \alpha_2(\Delta e_1 + \Delta e_3), \\ \sigma_3^I = \sigma_3^O + \alpha_1\Delta e_3 + \alpha_2(\Delta e_1 + \Delta e_2)。 \end{cases} \tag{4-42}$$

对于拉应力破坏的情况，流动法则为：

$$\Delta e_i^p = \lambda^t \frac{\partial g^t}{\partial \sigma_i}, \quad i = 1,2,3, \tag{4-43}$$

式中，λ^t 表示待定的参数，用式（4-35）中的 g^t，通过偏微分以后，此式变为：

$$\begin{cases} \Delta e_1^p = 0, \\ \Delta e_2^p = 0, \\ \Delta e_3^p = -\lambda^t。 \end{cases} \tag{4-44}$$

重复上面相似的推理，可以得到应力关系式：

$$\begin{cases} \sigma_1^N = \sigma_1^I + \lambda^t\alpha_2, \\ \sigma_2^N = \sigma_2^I + \lambda^t\alpha_3, \\ \sigma_3^N = \sigma_3^I + \lambda^t\alpha_1, \end{cases} \tag{4-45}$$

式中，

$$\lambda^t = \frac{f^t(\sigma_3^I)}{\alpha_1}。 \tag{4-46}$$

4.2.3.2　莫尔-库仑模型的材料参数

莫尔-库仑模型中主要的材料输入参数有：体积模量 K、剪切模量 G、黏聚力 c、张力 σ^t、内摩擦角 φ、剪胀角 ψ 等。其中，在已知弹性模量 E 和泊松比 μ 的情况下，体积模量 K 和剪切模量 G 可由以下 2 个公式确定：

$$\begin{cases} G = \dfrac{E}{2 \times (1+\mu)}, \\ K = \dfrac{E}{3 \times (1-2\mu)}。 \end{cases} \tag{4-47}$$

4.2.4　有限差分算法（时间递步法）

在有限差分算法的计算公式中包含了运动方程，但对于工程实际问题仍需要找出一个期望的静态解，以保证被模拟的物理系统本身在非稳定的情况下，进行有限差分数值计算时仍有稳定解。对于非线性材料，物理不稳定的可能性总是存在的，如深部隧道围岩破坏、煤矿围岩顶部断裂、煤柱的突然垮塌、油气井闭合等。有限差分算法的优点是可以直接模拟工程岩体系统的某些应变能转变为动能，并从力源向周围扩散这个过程，即包含了惯性项：动能产生与耗散部分。所以，当算法不含有惯性项时，为了真实地模拟地下工程岩体必须采取某些数值手段来处理物理不稳定以防止数值解的不稳定，但所取的"路径"可能并不真实。

由于显式有限差分法无须形成总体刚度矩阵，可在每个时步，通过更新节点坐标的方式，将位移增量加到节点坐标上，以材料网格的移动和变形模拟大变形，所以本章采用了显式拉格朗日算法和混合-离散分区技术，能够非常准确地模拟材料的塑性破坏和流动。在拉格朗日算法中，每步过程的本构方程仍是小变形理论模式，但在经过许多步计算后，网格移动和变形结果等价于大变形模式，这就是基于较小内存空间求解大范围的三维问题。显式有限差分计算过程包括：调用运动方程，由初始应力和边界力计算出新的速度和位移；由速度计算出应变率，进而获得新的应力。一个循环为一个时步，对所有单元和节点变量进行计算更新。

在显式算法中，计算"波速"总是超前于实际波速，这样尽管本构关系具有高度非线性，但它总是使计算过程中方程的计算值处于固定状态。在显式有限差分计算从单元应变去计算应力的过程中无须迭代，这与通常用于有限元程序中的隐式算法相比有着明显的优越性，因为隐式有限元计算在一个解算步中，单元的变量信息彼此沟通，在获得相对平衡状态前，需要若干迭代循环。另外，采用"显式算法"方案进行计算时，显式算法方案对非线性的应力-应变关系的求解所花费的时间，几乎与线性本构关系相同，而隐式求解方案将会花费较长的时间求解非线性问题。由于显式计算不必要组装整体刚度矩阵进行整体求解，这就意味着采用中等容量的内存可以求解多单元结构，模拟大变形问题几乎并不比小变形问题多耗费更多的时间。

显式算法的缺点是时步很小，这就意味着要有大量的时步。因此，对于病态系统——高度非线性例题、大变形、物理不稳定等，显式算法是最好的。而在模拟线性和小变形例题时，表现出效率不高的结果。

在运用运动方程求解静力问题时，必须采取机械衰减方法来获得非惯性静态或准静态解，通常采用动力松弛法，在概念上等价于在每个结点上联结一个固定的"黏性活塞"，施加的衰减力大小与结点速度成正比。另外，显式算法的稳定是有条件的，那就是时间步的选取必须小于某个临界时间步。

设单元尺寸为 Δx 的网格划分弹性体，满足稳定解的计算条件的时间步 Δt 可表达为：

$$\Delta t = \frac{\Delta x}{v_{\max}}, \tag{4-48}$$

式中，$v_{\max}$ 表示波传播的最大速度。常用的典型波速是 P 波 v_P：

$$v_P = \sqrt{\frac{K + 4G/3}{\rho}}, \tag{4-49}$$

式中，K 是体积模量，G 是剪切模量，ρ 是岩体密度。

对单个质量弹簧单元来说，稳定解的确定条件如下所示：

$$\begin{cases} \Delta t < 2\sqrt{\dfrac{m}{k}}, \\ \Delta t < \dfrac{T_{\min}}{\pi}, \end{cases} \tag{4-50}$$

式中，m 为质量，k 为弹簧刚度，$T_{\min}$ 是临界时步与系统的最小自然周期。

4.3　储层岩体压缩变形及诱发地面位移的研究

4.3.1　研究工程概述

在石油、天然气、煤层气、水和地热开采的过程中，资源储藏的压缩变形和由此诱发的地面位移是最为热门的储藏地质力学行为研究课题之一。地下资源储藏地质的压缩变形是指当地下资源，如水、石油、天然气从储藏中抽出时，孔隙中流体的逐渐渗流排出导致孔隙体积缩小，进而引起岩体体积压缩变形。地面沉降往往是其上述地下地质体压缩变形引起的负面因素之一。在资源开采时，地下储藏（层）地质体压缩变形及诱发的地面位移原理如图 4-6 所示，但是地下储层的压缩量很难准确监测，而地面位移很容易通过 GPS、雷达等测试手段准确监测到。同时，岩体的压缩变形与岩体力学的参数特征有着密切的关系，再加上地面位移是由于地下地质体压缩变形引起的，因此地面位移就变成了非常有用的信息，完全可以用反演理论进行地下储层及其周边围岩的岩体力学参数特征化。

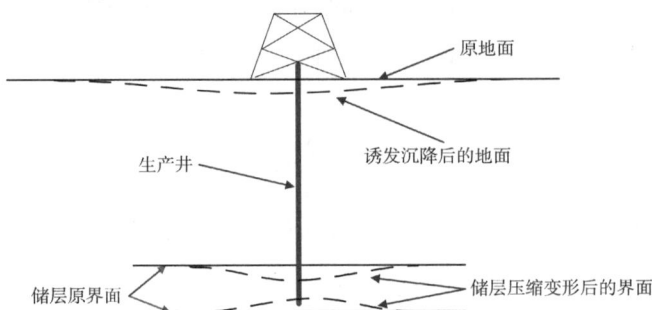

图 4-6　地下储藏（层）地质体压缩变形及诱发的地面位移原理

4.3.2　地质体压缩变形及诱发地面位移的原理

4.3.2.1　热弹塑性孔隙介质力学模型

孔隙地质体的本构关系，即应力-应变关系可以表示为如下增量形式：

$$\mathrm{d}\boldsymbol{\sigma}' = \boldsymbol{D}^{\mathrm{ep}}(\mathrm{d}\boldsymbol{\varepsilon} - \mathrm{d}\boldsymbol{\varepsilon}^{\mathrm{p}}) - \boldsymbol{m}\delta_{ij}\frac{18KG}{3K+4G}\beta\mathrm{d}T + \boldsymbol{m}\alpha\mathrm{d}p, \qquad (4\text{-}51)$$

式中，$\mathrm{d}\boldsymbol{\sigma}'$ 为有效应力增量，$\mathrm{d}\boldsymbol{\varepsilon}$ 为地质体总应变增量，$\mathrm{d}\boldsymbol{\varepsilon}^{\mathrm{p}}$ 为塑性应变增量，$\boldsymbol{m} = [1, 1, 1, 0, 0, 0]^{\mathrm{T}}$，$K$ 为体积模量，G 为剪切模量，β 为热膨胀系数，$\mathrm{d}T$ 为温度增量，α 为 Biot 系数，$\mathrm{d}p$ 为孔隙水压力增量。

$\boldsymbol{D}^{\mathrm{ep}}$ 代表的是弹塑性应力-应变矩阵，其表达式为：

$$\boldsymbol{D}^{\mathrm{ep}} = \boldsymbol{D}^{\mathrm{e}} - \frac{\boldsymbol{D}^{\mathrm{e}}\dfrac{\partial Q}{\partial \boldsymbol{\sigma}'}\left(\dfrac{\partial F}{\partial \boldsymbol{\sigma}'}\right)^{\mathrm{T}}\boldsymbol{D}^{\mathrm{e}}}{-\dfrac{\partial F}{\partial \boldsymbol{\kappa}}\left(\dfrac{\partial F}{\partial \boldsymbol{\varepsilon}^{\mathrm{p}}}\right)^{\mathrm{T}}\dfrac{\partial Q}{\partial \boldsymbol{\sigma}'} + \left(\dfrac{\partial F}{\partial \boldsymbol{\sigma}'}\right)^{\mathrm{T}}\boldsymbol{D}^{\mathrm{e}}\dfrac{\partial Q}{\partial \boldsymbol{\sigma}'}}, \qquad (4\text{-}52)$$

$$\boldsymbol{D}^{\mathrm{e}} = \frac{E(1-v)}{(1+v)(1-2v)} \begin{bmatrix} 1 & \dfrac{v}{1-v} & \dfrac{v}{1-v} & 0 & 0 & 0 \\[2mm] \dfrac{v}{1-v} & 1 & \dfrac{v}{1-v} & 0 & 0 & 0 \\[2mm] \dfrac{v}{1-v} & \dfrac{v}{1-v} & 1 & 0 & 0 & 0 \\[2mm] 0 & 0 & 0 & \dfrac{1-2v}{2(1-v)} & 0 & 0 \\[2mm] 0 & 0 & 0 & 0 & \dfrac{1-2v}{2(1-v)} & 0 \\[2mm] 0 & 0 & 0 & 0 & 0 & \dfrac{1-2v}{2(1-v)} \end{bmatrix},$$

$$\tag{4-53}$$

式中，E 为弹性模量，v 为泊松比，κ 为硬化系数，F 为屈服函数，Q 为塑性势函数。

根据线性 Mohr-Coulomb 准则，其屈服函数 F 可以表达为：

$$\begin{cases} F = q\left(\dfrac{\cos\theta}{\sqrt{3}} - \dfrac{\sin\theta\sin\varphi}{3} \right) - \sigma\sin\varphi - c\cos\varphi, \\[3mm] \sigma = \dfrac{1}{3}(\sigma_1' + \sigma_2' + \sigma_3'), \\[3mm] q = \left[\dfrac{(\sigma_1' - \sigma_2')^2 + (\sigma_2' - \sigma_3')^2 + (\sigma_1' - \sigma_3')^2}{2} \right]^{\frac{1}{2}}, \end{cases} \tag{4-54}$$

式中，σ_1'，σ_2'，σ_3' 分别为 3 个有效主应力，σ 为平均有效应力，q 为偏有效应力，θ 为应力洛德角（the Lode's Angle），φ 为内摩擦角，c 为黏聚力。

基于莫尔-库仑屈服准则，一个完全弹塑性模型可以来表达地质体变形行为。利用非关联性流动准则模拟地质体剪胀行为，其塑性势函数 Q 可以表达为：

$$Q = q\left(\frac{\cos\theta}{\sqrt{3}} - \frac{\sin\theta\sin\psi}{3} \right) - \sigma\sin\psi - c\cos\psi, \tag{4-55}$$

式中，ψ 为剪胀角。

根据上述模型可知，地质体的弹塑变形主要是通过岩体的弹性模量、泊松比、内摩擦角、剪胀角、黏聚力等来确定的。

4.3.2.2 岩体变形与孔隙度、渗透率变化的关系

地质体的孔隙度和渗透率变化对岩体的变形变化影响是非常明显的，利用增量建立的岩体应变变化与孔隙度、渗透率变化之间的函数关系表达式为：

$$n_{m+1} = 1.0 - (1.0 - n_m)e^{-\Delta\varepsilon_v}, \tag{4-56}$$

$$k_{m+1} = \frac{n_{m+1}^3(1.0 - n_m)^2}{n_m^3(1.0 - n_{m+1})^2}k_m, \tag{4-57}$$

式中，$\Delta\varepsilon_v$ 为体积应变增量，n_m 和 n_{m+1} 分别为第 m 和第 $m+1$ 时步的孔隙度，k_m 和 k_{m+1} 分别为第 m 和第 $m+1$ 时步的渗透率。

4.3.2.3 应力边界条件

在有限差分程序中，对固体来说，存在应力边界条件、位移边界条件和混合边界条件。在给定的网格点上，位移通过速度表示在这些网格点上。对于特定的网格节点，应力矢量 $\boldsymbol{\sigma}_i$ 被加到相应网格点的外力和之中。对于应力边界，应力矢量由下列公式求得：

$$\boldsymbol{\sigma}_i = \sigma_{ij}^b \boldsymbol{n}_i \Delta s, \tag{4-58}$$

式中，$\boldsymbol{n}_i$ 为边界段外法线方向的单位矢量，Δs 为应力 σ_{ij}^b 作用的边界段长度。

4.3.3 压缩变形及诱发地面位移地质力学模型

在数值模拟分析时，网格是用来定义问题的几何形状的；本构模型和相关材料参数是显示模型对扰动（如开挖、油气的生产）所做出的力学响应；边界与初始条件是定义初始状态的（岩体在发生变化或者扰动之前的原岩应力状态）。显式有限差分程序 FLAC3D 与传统的隐式求解程序不同，显式有限差分计算方法用直接的时间步来求解代数方程，经过一系列的计算解出答案。图 4-7 是基于显式有限差分程序 FLAC3D 的地下资源开采数值模拟计算流程。

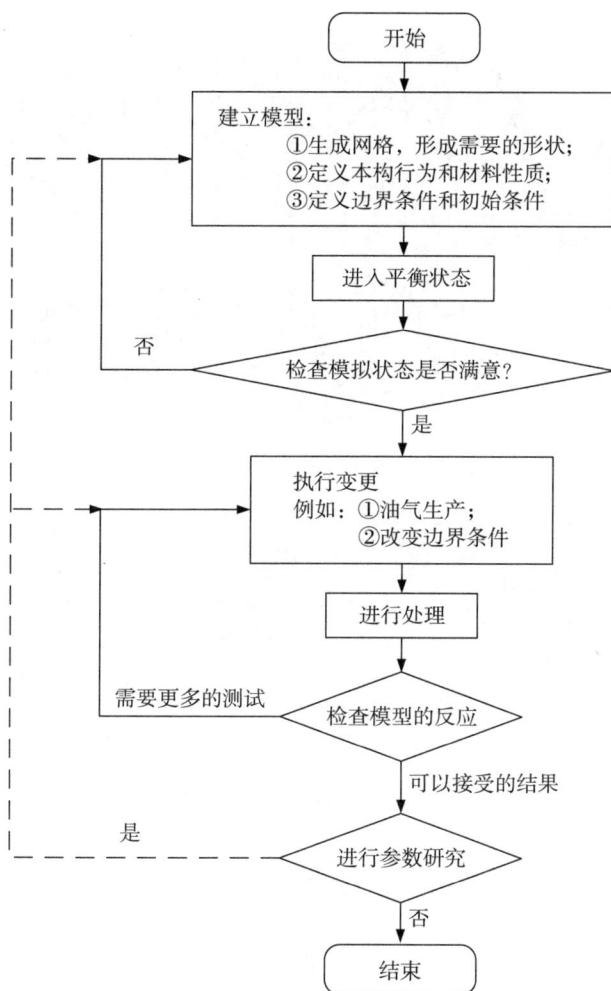

图 4-7　地下资源开采数值模拟计算流程

本章采用有限差分模型（FLAC3D）对油气开发过程中引起的油气藏压缩导致地面位移的力学行为模型进行分析。三维油气藏及其围岩模型的网格划分如图 4-8 所示。该计算模型的顶部能自由移动，四边在水平方向上固定，在竖直方向上能自由移动，底部为固定边界，其边界条件如图 4-9 所示。

三维模型的大小：该模型取油藏上部、边部和底部围岩分别厚 300 m、3000 m 和 90 m，油藏的长 × 宽 × 高为 80 m × 80 m × 20 m。

计算模型边界和初始条件为：顶部能自由移动，四边在水平方向上固定，底部为固定边界。设油藏围岩为弹性变形，油藏的变形为弹塑性变形。

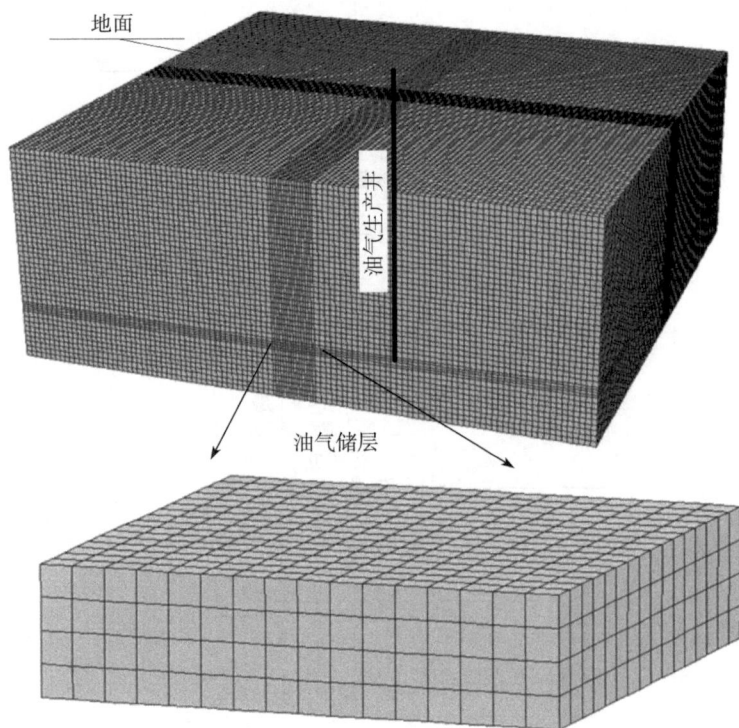

图 4-8　三维油气藏及其围岩模型的网格划分

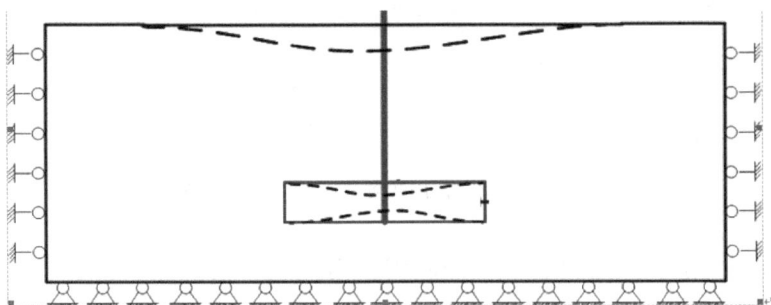

图 4-9　油气井生产过程的二维边界条件

油藏边界为不可渗透边界，油气生产井位于模型中心，其生产率为 $Q = 345.6$ m³/d。其中，该油气生产井完全穿过油气藏，即完整井，由于该三维地质力学模型的规模与生产井的大小相比要大很多，所以生产井被看作一个线性井，生产井的大小对地面位移监测点坐标位置的影响忽略不计。有限差分模型的部分输入参数如表 4-1 所示。

表 4-1 有限差分模型的部分输入参数

参数名称	数值
流体体积模量/GPa	1.4
密度/（kg/m³）	2500
孔隙度	0.40
渗透率/D	1.0
黏结度/cP	28.0
初始孔压/MPa	13.79
Biot 系数	1.0
剪胀角/°	0
抗拉强度/MPa	1.17

　　为了基于场地监测到的地面位移，有效采用人工智能反演方法执行油气藏及其围岩的岩体力学参数识别。首先，需要确定的是场地监测点的位置，监测点确定的方法主要有参数敏感法（parameter sensitive approach，PSA）和位置敏感法（location sensitive approach，LSA）[129-130]。

　　本章采用 PSA 和 LSA 相结合的方法来确定监测点的数量、方向和位置。在分析已有的研究基础上，提出了敏感性分析的评价准则，其表达式为：

$$D = u_s(a) - u_o(a), \tag{4-59}$$

式中，s（s= 1，2，3，…，6）代表岩体力学参数的个数，$u(a)$ 代表位移向量，D 代表敏感性向量，$u_o(a)$ 为由基本岩体力学参数获得的位移，$u_s(a)$ 为改变后的岩体力学参数获得的位移。

　　执行敏感性分析的程序包括：
　　①建立相应的数值模型；
　　②对具体的问题进行数值分析；
　　③执行参数敏感性分析；
　　④进行数值计算为位置敏感性分析产生样本；
　　⑤执行位置敏感性分析，高敏感性的位置点被选作监测点。

4.3.4　监测点的确定

　　为了确定场地信息监测时所选取的监测位置（点），首先建立了 7 个敏感性分析研究样例，具体数据如表 4-2 所示。然后依次改变每个参数的值，来分析这些岩体力学参数对地面位移的影响情况。最后，根据分析的结果来确定在哪些位置设置监测点，以及监测该点的位移方向，如水平位移、竖直位移。

表4-2　敏感性分析的岩体力学参数

序号	岩体力学参数					
	E_1/GPa	v_1	E_2/GPa	v_2	c_2/MPa	Φ_2/°
1	1.2	0.25	1.2	0.25	0.3	20
2	1.2	0.25	2.2	0.25	0.3	20
3	1.2	0.25	1.2	0.30	0.3	20
4	1.2	0.25	1.2	0.25	3.0	20
5	1.2	0.25	1.2	0.25	0.3	30
6	2.2	0.25	1.2	0.25	0.3	20
7	1.2	0.30	1.2	0.25	0.3	20

现采用参数敏感性方法来确定哪些岩体力学参数能有效地反映工程岩体的力学行为，进而作为人工智能岩体力学参数位移反演分析的输入参数。图4-10（a）和图4-11（a）分别是给出的7个样例，采用有限差分方法的流固耦合模型计算获得的垂直方向和水平方向地面各个位置的位移情况。从各点的位移变化情况可以看出，地下工程储层围岩的岩体力学参数变化对地面沉降有更明显的影响；其中，弹性模量和泊松比对地面沉降的影响更为重要。其结果说明，采用人工智能反演法能有效地识别这些岩体力学参数，但是识别到的弹性模量和泊松比将会更准确。

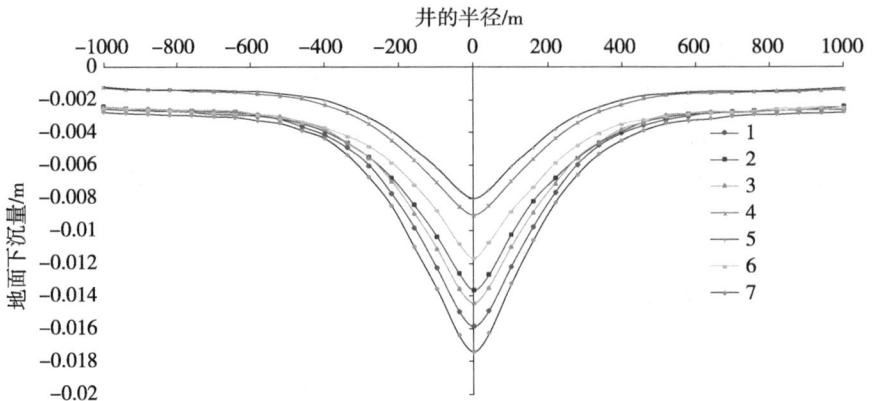

（a）7个敏感性岩体力学参数对应的地面下沉情况

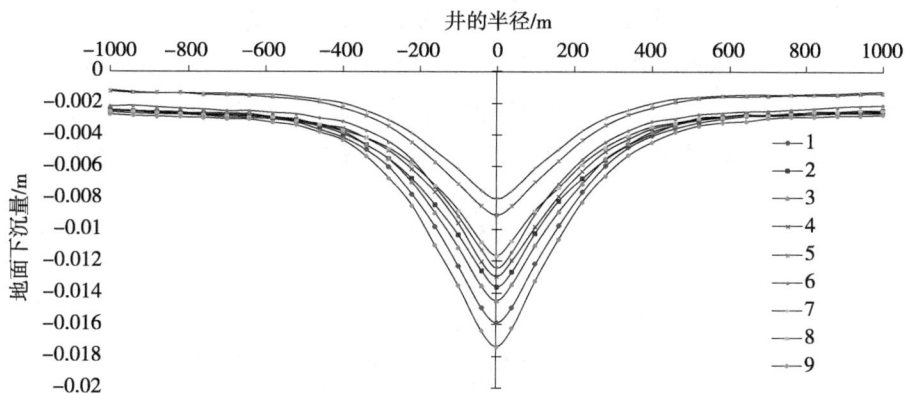

（b）随机挑选 9 个岩体力学参数对应的地面下沉情况

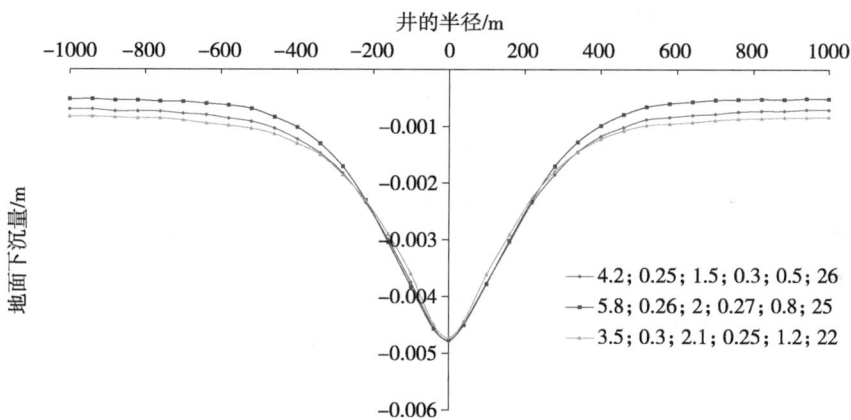

（c）图中三组岩体力学参数所对应的地面下沉情况

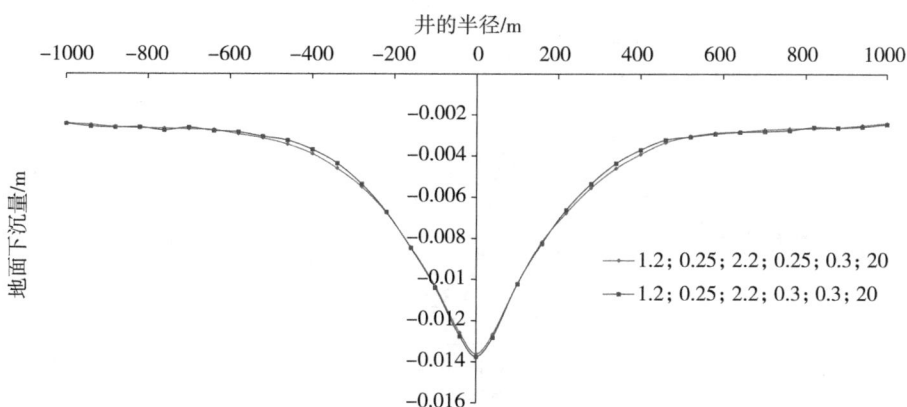

（d）图中两组岩体力学参数所对应的地面下沉情况

图 4-10　对不同岩体力学参数获得的地面下沉情况进行比较

现基于位置敏感法对监测点的位置进行确定。图 4-10（b）、图 4-10（c）

和图4-10（d）为改变不同岩体力学参数时，垂直方向地面各个位置的位移变化情况。从这些图的比较结果，不难发现从生产井算起在径向 $r=0$ m、400 m、580 m 位置处的垂直方向位移对岩体力学参数的变化更加敏感。图4-11（b）和图4-11（c）为改变不同岩体力学参数时，水平方向地面

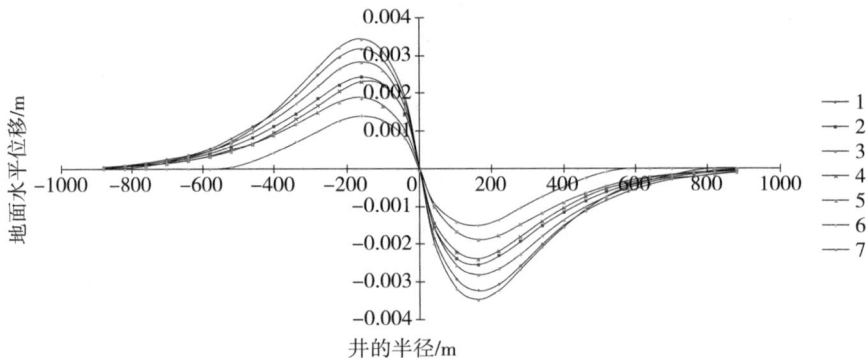

（a）7个敏感性岩体力学参数对应的地面水平位移情况

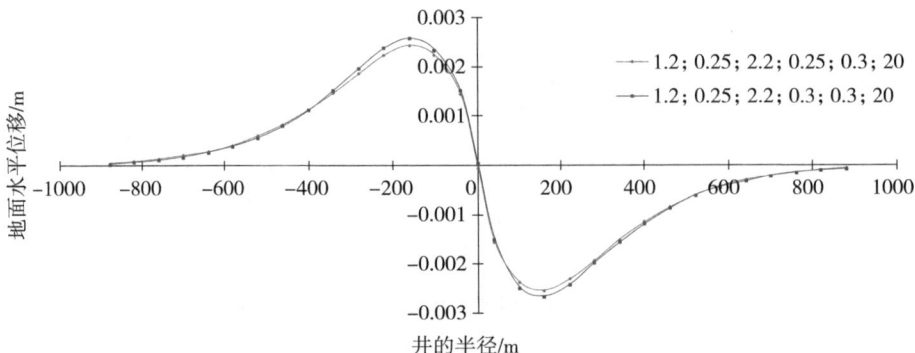

（b）图中两组岩体力学参数所对应的地面水平位移情况

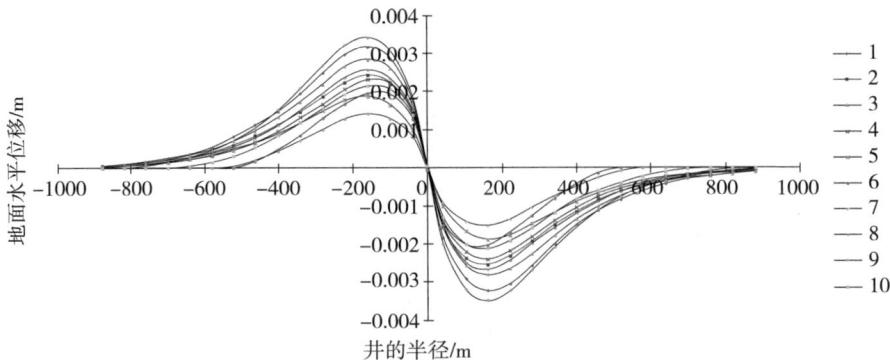

（c）随机挑选10个岩体力学参数对应的地面水平位移情况

图 4-11　对不同岩体力学参数获得的水平方向位移进行比较

各个位置的位移变化情况。从这些图的比较结果，不难发现从生产井算起在径向 $r=160$ m 位置处的水平方向位移对岩体力学参数的变化更加敏感。综合上述分析，在地面生产井周围 $r=0$ m、160 m、400 m、580 m 处，其位移变化对岩体力学参数变化更加敏感，因此，这些点被选作为位移监测点，具体位置如图 4-12 所示。与此同时，在人工智能岩体力学参数反演模型中代替数值模型的人工神经网络模型的基本结构也初步确定，详细如图 4-13 所示。

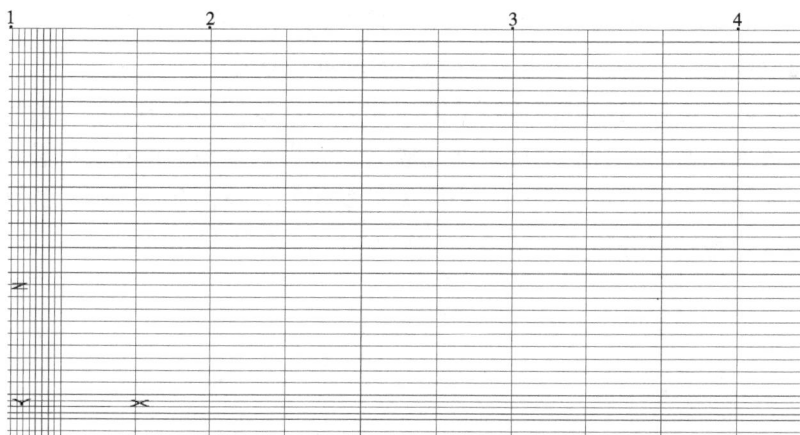

图 4-12　地面监测点位置的布置

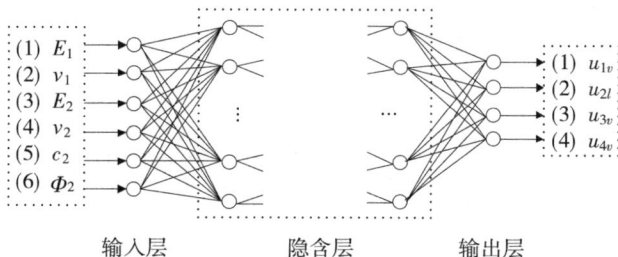

输入层　　　　隐含层　　　输出层

图 4-13　初步确定的人工神经网络模型

4.4　人工智能岩体力学参数特征化结果及分析

4.4.1　人工智能岩体力学参数特征化程序设计

基于人工神经网络和遗传算法建立的岩体力学参数特征化模型，并与有限差分正演模型相结合，从不同岩体力学参数对油气井周围地面位移的影响进行了正演分析，根据监测的地面位移对油气藏及其周围岩体的岩体力学参数进行了反演分析。利用遗传算法寻找目标函数的最小值，从而得到岩体力学参数的值，其目标函数定义为场地监测的地面位移与人工神经网络模型预测的位移之间差值的绝对值的最小值，其表达式为：

$$f = \min \left\{ \frac{1}{n} \sum_{i=1}^{n} \left(|ANN_i(X) - Y_i| \right) \right\}, \tag{4-60}$$

式中，$i = 1, 2, \cdots, n$ 代表 n 个监测点，$ANN_i(X)$ 为第 i 个监测点的 ANN 预测地面位移值，Y_i 为第 i 个监测点的监测地面位移值。

利用人工神经网络和遗传算法的岩体力学参数智能识别方法进行岩体力学参数特征化研究，其识别结果通过监测值与识别结果的计算的比较和目标函数值来评价，以确定识别到的岩体力学参数的有效性和准确性。岩体力学参数特征化智能反分析方法的流程如图 4-14 所示。

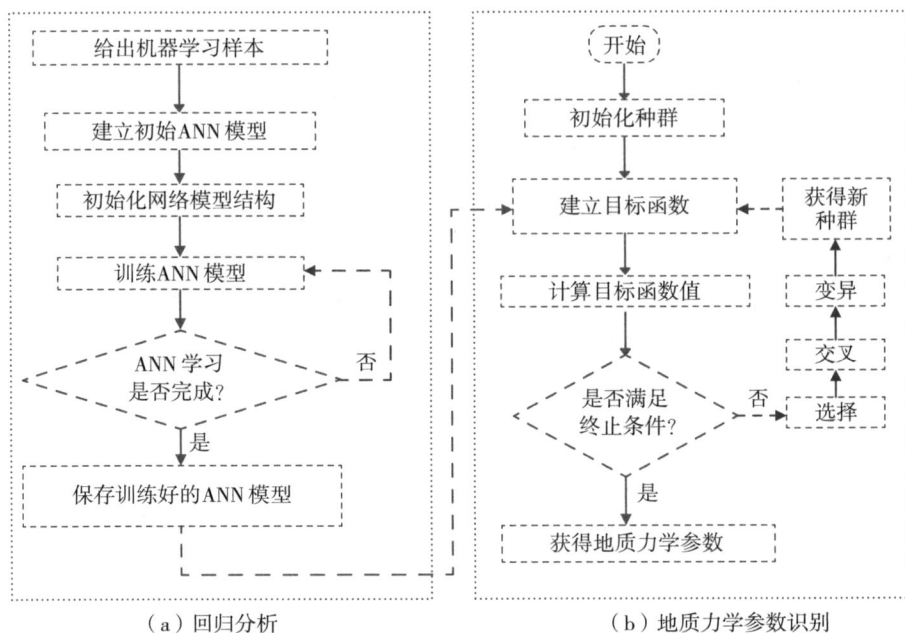

（a）回归分析　　　　　　　　（b）地质力学参数识别

图 4-14　岩体力学参数特征化智能反分析方法的流程

4.4.2　人工智能学习样本

为了采用人工智能反演分析模型进行岩体力学参数的优化识别，首先需要建立流-固多场耦合的数值计算模型，然后对不同岩体力学参数的油气生产引起地下储层变形，进而诱发地面位移的力学行为进行模拟分析，最后将监测位置的垂直和水平位移数值，连同输入的岩体力学参数记录下来，建立人工神经网络模型的学习样本。本研究采用了 FLAC 3D 程序作为正演模型，模拟油气生产引起地下储层变形进而诱发地面位移的力学行为，并产生了包括输入和输出的 50 个人工神经网络模型的机器学习样本，其中 45 个样本是用来对人工神经网络模型进行训练，5 个样本是用来测试训练后的人工神经网络模型，样本如表 4-3 所示。

表 4-3　ANN-GA 组成的反演分析模型的训练和测试样本

序号	输入参数						输出参数			
	E_1/GPa	v_1	E_2/GPa	v_2	c_2/MPa	Φ_2/°	u_1	u_2	u_3	u_4
					训练样本					
1	0.5	0.3	8	0.3	0.3	20	−2.817	−0.4113	−0.8253	−0.6619
2	0.8	0.25	0.3	0.2	3	15	−2.123	−0.3535	−0.6743	−0.5441
3	0.2	0.3	4	0.28	0.8	30	−7.081	−1.1030	−2.0320	−1.5890
4	0.2	0.3	1.2	0.28	0.8	25	−7.129	−1.0660	−2.0450	−1.6360
5	0.4	0.3	1.2	0.28	0.4	25	−3.715	−0.5943	−1.0620	−0.8689
6	0.6	0.26	3.2	0.3	2	20	−2.291	−0.3775	−0.7406	−0.6123
7	0.8	0.26	3.2	0.3	2	20	−1.772	−0.3066	−0.5461	−0.4386
8	0.8	0.35	1	0.16	0.1	25	−2.344	−0.4123	−0.5891	−0.4247
9	0.9	0.3	1	0.2	0.1	25	−1.620	−0.2667	−0.4481	−0.3612
10	0.9	0.3	2	0.25	0.1	25	−2.020	−0.3704	−0.5075	−0.3894
11	1.0	0.25	0.8	0.27	0.5	22	−1.476	−0.2489	−0.4289	−0.3428
12	1.0	0.25	2	0.27	0.5	22	−1.631	−0.2926	−0.4565	−0.3573
13	1.1	0.3	2	0.3	0.5	22	−1.831	−0.3558	−0.4390	−0.3113
14	1.1	0.28	0.8	0.26	0.5	22	−1.437	−0.2562	−0.3970	−0.3227
15	1.2	0.25	0.4	0.3	0.3	25	−1.222	−0.2176	−0.3778	−0.2963
16	1.2	0.3	0.4	0.25	0.3	20	−1.233	−0.2016	−0.3411	−0.2753
17	1.2	0.25	2.2	0.32	0.3	15	−1.410	−0.2697	−0.3832	−0.3002
18	1.3	0.25	4.2	0.32	1	30	−1.243	−0.2292	−0.3606	−0.2680
19	1.3	0.3	2.2	0.32	1	20	−1.348	−0.2374	−0.3496	−0.2675

序号	输入参数						输出参数			
	E_1/GPa	v_1	E_2/GPa	v_2	c_2/MPa	$\Phi_2/°$	u_1	u_2	u_3	u_4
20	1.5	0.27	1.2	0.25	0.2	25	−1.270	−0.2592	−0.3262	−0.2343
21	1.5	0.3	1.2	0.3	0.8	30	−1.010	−0.1698	−0.2777	−0.2183
22	1.8	0.27	1.2	0.3	0.2	30	−0.976	−0.1906	−0.2485	−0.1827
23	2.2	0.2	1	0.3	0.6	20	−1.022	−0.2336	−0.2416	−0.1650
24	2.2	0.25	1	0.25	0.6	25	−0.8523	−0.1764	−0.2172	−0.1556
25	2.6	0.3	3.2	0.27	1.6	28	−0.8288	−0.1694	−0.1901	−0.1325
26	2.6	0.33	0.6	0.27	0.6	32	−0.9972	−0.2207	−0.2239	−0.1394
27	3.2	0.25	1.8	0.25	4	26	−0.7786	−0.1757	−0.1818	−0.1173
28	3.2	0.27	0.8	0.25	0.8	24	−0.8376	−0.1937	−0.1817	−0.1142
29	3.2	0.29	5	0.3	0.4	24	−0.7543	−0.1609	−0.1664	−0.1123
30	3.6	0.31	1.6	0.3	2	24	−0.7687	−0.1746	−0.1545	−0.0968
31	2.6	0.3	3.2	0.27	1.6	20	−0.8377	−0.1713	−0.1908	−0.1323
32	2.6	0.33	0.6	0.27	0.6	20	−1.0030	−0.2217	−0.2241	−0.1395
33	3.2	0.25	1.8	0.25	2	26	−0.8307	−0.1892	−0.1855	−0.1175
34	3.2	0.27	0.8	0.25	0.8	20	−0.8374	−0.1938	−0.1818	−0.1141
35	3.6	0.31	1.6	0.3	1	24	−0.8040	−0.1845	−0.1582	−0.0937
36	3.6	0.25	2.2	0.26	0.4	20	−0.5266	−0.1071	−0.1328	−0.0979
37	4.2	0.3	1.5	0.25	0.5	30	−0.4520	−0.0875	−0.1074	−0.0788
38	4.2	0.25	1.5	0.3	0.5	25	−0.4781	−0.1012	−0.1178	−0.0841
39	5	0.25	1	0.22	0.3	22	−0.5294	−0.1235	−0.1194	−0.0738
40	5	0.3	6	0.34	0.3	32	−0.3796	−0.0736	−0.0874	−0.0637
41	6	0.26	1.2	0.27	3	30	−0.5088	−0.1236	−0.1054	−0.0611
42	6	0.26	2	0.27	0.8	25	−0.4773	−0.1130	−0.0987	−0.0597
43	7	0.3	8	0.28	0.8	20	−0.3452	−0.0737	−0.0748	−0.0484
44	8	0.3	4.2	0.3	0.8	15	−0.3291	−0.0733	−0.0661	−0.0411
45	9	0.3	0.5	0.25	0.8	35	−0.3170	−0.0748	−0.0677	−0.0410
测试样本										
46	1	0.26	1	0.3	1	25	−1.817	−0.3562	−0.4788	−0.3400

续表

序号	输入参数						输出参数			
	E_1/GPa	v_1	E_2/GPa	v_2	c_2/MPa	Φ_2/°	u_1	u_2	u_3	u_4
47	1.3	0.3	1.2	0.25	0.6	30	-1.568	-0.3065	-0.3617	-0.2650
48	1.8	0.25	0.8	0.25	1.5	20	-0.8361	-0.1513	-0.2435	-0.1946
49	2.3	0.28	1.5	0.3	0.8	25	-0.9039	-0.1885	-0.2235	-0.1535
50	3.5	0.3	2.2	0.26	1.2	22	-0.4732	-0.0847	-0.1222	-0.0956

这些学习样本能有效地对人工智能识别模型进行训练，并让训练后的人工神经网络模型很好地代表岩体力学参数与地面位移之间的线性/非线性关系，同时基于人工神经网络模型的预测值和场地监测信息建立遗传算法的适应度函数关系。同时，进行人工智能岩体力学参数特征化模型的参数设置，一旦完成各种参数的设置和模型结构设置，遗传算法就能在大的搜索空间中搜索到最优值，即要识别的岩体力学参数值。

如表 4-3 所示，在这些机器学习样本中，输入样本包括：油气藏地质体的弹性模量 E_2、泊松比 v_2、黏聚力 c_2、内摩擦角 Φ_2，以及油气藏围岩的弹性模量 E_1 和泊松比 v_1。输出样本包括：竖直位移监测点的位移 u_1，u_3，u_4；水平位移监测点的位移 u_2。

4.4.3　人工智能岩体力学参数反演模型的参数设置

在 MATLAB 语言环境下，编写了基于地面位移的人工智能岩体力学参数识别模型。地面位移是油气、水资源等开发过程中最常见的现象之一，它是由于地下资源的开采引起地下储藏（层）的压缩进而导致地面变形的结果。当进行油气井稳定性分析、油气井定向钻井优化分析、地下地层变形数值分析等工作时，研究人员和工程技术人员必须准确测得地下岩体物理力学参数。因此，采用遗传优化算法确定岩体力学参数，对指导地下工程设计、施工和预测分析有着重要意义。

为了验证人工智能反演模型识别的岩体力学参数是否准确，现需对人工神经网络模型的运行结果进行分析。利用表 4-3 中机器学习样本对人工神经网络模型进行训练，结果发现当人工神经网络模型的结构为 4-6-12-6-4

时，人工神经网络结构模型能产生最优的预测结果。

为了采用遗传算法进行地质力学参数的优化确定，需要对油气藏及其围岩的力学参数设置一个搜索范围。基于本章实际工程所研究的内容，人工智能岩体力学参数位移反演分析模型的初始化参数设置如下所述。

（1）场地监测信息

为了建立遗传算法的目标函数，并进行地质力学参数反演识别，必须进行场地地面位移的监测。根据上述研究可知，本项目主要有 4 个监测点，它们的监测位移分别为：$u_{1v}=-1.1560\text{ cm}$，$u_{2l}=-0.1972\text{ cm}$，$u_{3v}=-0.3467\text{ cm}$，$u_{4v}=-0.2843\text{ cm}$。根据目标函数公式建立其遗传算法优化搜索的目标函数。

（2）岩体力学参数的搜索范围

油气储层岩体：弹性模量 E_1 的范围为 0.1 GPa~10.0 GPa，泊松比 v_1 的范围为 0.15~0.35。

油气储层围岩：弹性模量 E_2 的范围为 0.1 GPa~10.0 GPa，泊松比 v_2 的范围为 0.15~0.35，黏聚力 c_2 的范围为 0~10 MPa，内摩擦角 Φ_2 的范围为 10°~40°。

（3）遗传参数

在执行遗传算法优化搜索时，需要对遗传算法参数进行设置，本算例利用二进制编码，对一些 GA 参数进行初始化，目前主要依靠具体问题的仿真结果和经验来设定，具体遗传参数确定方法及结果如下所述：

①种群规模（N_p）的大小一般是 20~100，基于已有研究结果可知，本算例的情况是：识别参数为 4，种群规模取 60，这样既能保证个体的多样性，又能在进行个体适应性评价时使收敛速度不至于太慢。

②终止进化代数（N_g）一般取 100~2000 的整数，由于遗传算法没有明确的搜索终止条件，通常利用 N_g 控制遗传算法搜索何时终止，所以取最大进化代数 $N_g=1000$。

③交叉概率（P_c）的取值范围一般是 0.2~0.9，基于本算例优化参数的数量，取 $P_c=0.4$，既能满足个体产生的随机性，也不至于破坏种群中已形成的优良模式。

④变异概率（P_m）的取值范围一般是 0.005~0.5，为了兼顾在 GA 优化搜索过程中不出现局部最优和大步跳跃，本算例取 $P_m=0.2$。

⑤基于上述建立的目标函数预期要求结果情况，遗传算法的最大迭代产生 $N_{max\_gen}=1000$。

4.4.4　岩体力学参数识别的结果与分析

为了验证人工智能反演模型识别的岩体力学参数的准确性，现需对其结果进行分析。

4.4.4.1　岩体力学参数识别结果

采用建立的人工智能位移反演分析模型，基于建立适应度函数关系，遗传算法在最大迭代产生 1000 次迭代后，识别到的岩体力学参数如下所述。

油藏围岩：弹性模量 $E_1 = 1.6478$ GPa；泊松比 $\nu_1 = 0.2641$。

油藏岩体：弹性模量 $E_2 = 2.5289$ GPa；泊松比 $\nu_2 = 0.2966$；黏聚力 $c_2 = 1.6939$ MPa；内摩擦角 $\Phi_2 = 29.5687°$。

4.4.4.2　神经网络模型的结果

机器学习样本（训练、验证、测试和整个样本）的均方误差随迭代的变化曲线，如图 4-15 所示。由图 4-15 可以看出，训练、检验、测试样本的均方误差变化，在 22 次迭代后，由于检验样本的误差从 0.008 到 0.011 开始增加，网络训练结束。从均方误差的变化曲线图可以认为该网络的学习过程是有效的，因为训练、检验、测试样本的均方误差变化有着相同的变化过程，其最终的训练误差为 0.0002，接近真实值 0，结果说明训练达到了要求，图示的结果也说明在人工神经网络训练过程中没有发生过拟合现象。

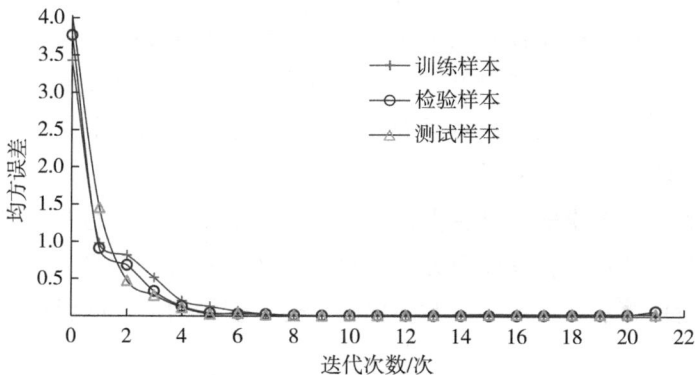

图 4-15　均方误差随迭代的变化曲线

机器学习样本（训练、验证、测试和整个样本）在学习过程中的回归分析如图 4-16 所示。

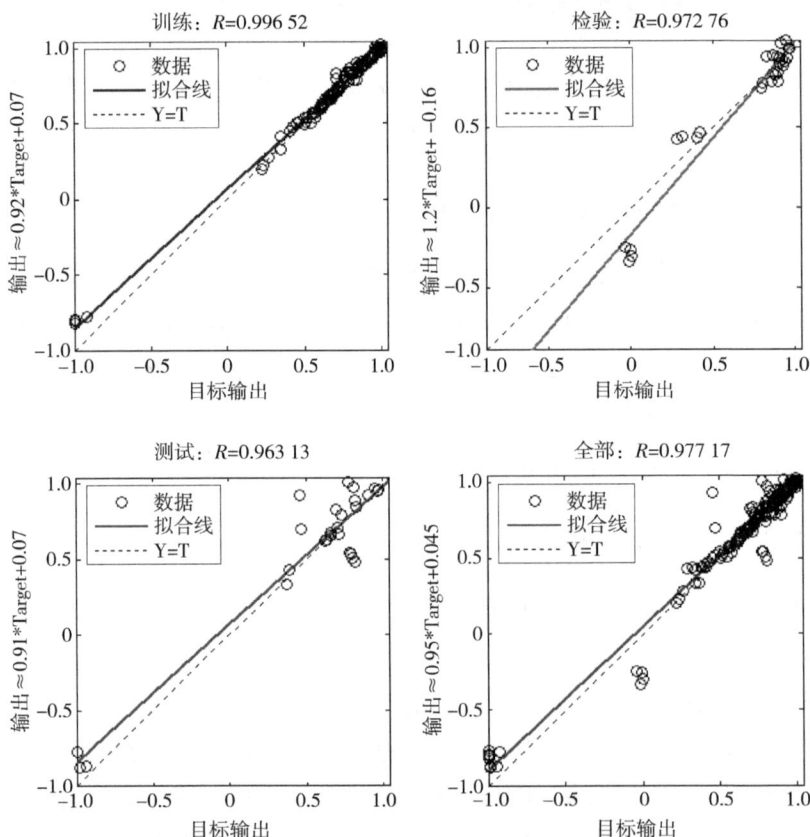

图 4-16　机器学习过程中的回归分析

从图 4-16 可以看出，这 4 种机器学习样本的散点分布表现出了较好的关系，从而得到了相应较好的拟合曲线。同时，关系系数（R-值）都大于 0.95，人工神经网络模型所预测的结果都基本对称均匀地分布在拟合曲线的两边，这说明建立的人工神经网络表现优秀，完全可以用来代表机器学习样本的输入和输出之间的关系。

根据对上述结果的评价分析，不难得出 4-6-12-6-4 的人工神经网络模型结构能有效地用来代表地质力学参数与地面位移之间的线性/非线性关系，从而能为遗传算法地应力参数的优化确定提供较好的适应度函数。

4.4.4.3　遗传算法结果

图 4-17 是遗传算法的平均和最优适应度函数值随迭代变化的曲线。平均适应度函数值的不断波动说明遗传算法在进行最优值搜索时，能够进行全局搜索，但没有做到局部最优。最终的最优个体的适应度函数值为 0.0007。从图和具体的目标函数值可以看出，遗传算法计算所得的适应度函数值非常接近真实值 0，其中种群的产生迭代次数为 1000 次。

表 4-4 是场地监测点的监测位移和人工智能岩体力学参数模型预测的位移值，以及它们之间的绝对误差和相对误差。从表 4-4 可以看出，监测值和预测值之间的比较结果是非常理想的，它们所有的位移绝对误差都小于 0.01 cm，而所有的相对误差都小于 1%。这些比较结果说明，基于人工神经网络模型和遗传算法的多参数人工智能反演分析模型，在地面位移已知时，不仅能有效地识别岩体力学参数，而且能够准确地预测地面的位移情况。因此，在实际工程中，当进行地下资源开发利用时，可以采用准确的场地监测信息有效地获得地下很难用常规技术获得的岩体力学参数值。

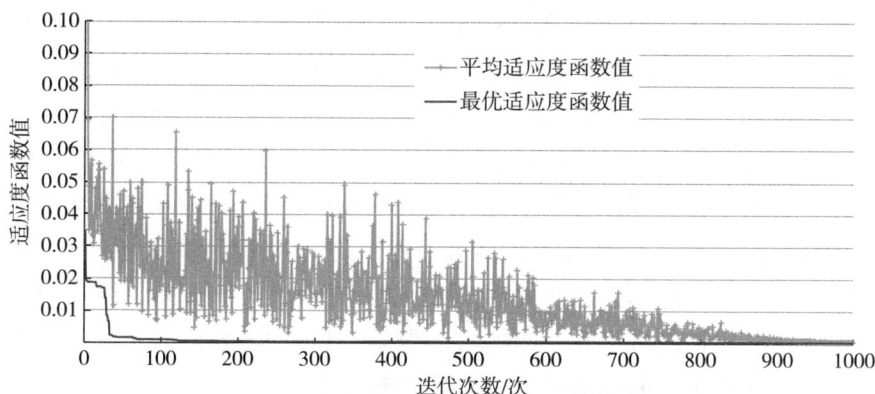

图 4-17　平均和最优适应度函数值随迭代的变化曲线

表 4-4　预测结果与实际监测结果的比较

名称	场地监测结果/cm	ANN-GA 值/cm	绝对误差	相对误差
u_{1v}	−1.1560	−1.1560	0.0000	0.000%
u_{2l}	−0.1972	−0.1986	0.0014	0.710%
u_{3v}	−0.3467	−0.3467	0.0000	0.000%
u_{4v}	−0.2843	−0.2831	0.0012	0.422%

4.5 本章小结

本章首先通过有限差分法 FLAC3D 程序建立了油气生产过程中引起的油气藏压缩进而导致地面位移的三维流-固多场耦合地质力学计算模型，模拟分析了不同岩体力学参数下的地面位移变化情况。然后，基于提出的参数敏感性分析法和位置敏感性分析法建立了地面位移监测位置的确定准则。最后，基于场地监测到的地面位移，采用人工智能多参数反演模型对油气藏及其围岩的岩体力学参数进行反演识别。研究的结果表明：

①围岩的岩体力学参数变化较油气藏的岩体力学参数对地面位移的影响更加明显；其中，弹性模量和泊松比对地面位移的影响尤为明显。

②当采用位置敏感法对监测点的位置进行确定时，不难发现从生产井算起在径向 $r = 0$ m、400 m、580 m 位置处的垂直方向位移对岩体力学参数变化更加敏感。水平方向地面各个位置的位移变化情况的比较结果说明从生产井算起，在径向 $r = 160$ m 位置处的水平方向位移对岩体力学参数的变化更加敏感。因此，在地面生产井周围 $r = 0$ m、160 m、400 m、580 m 处，对岩体力学参数的位移变化更加敏感，从而这些地面点被选为位移监测点。

③在 22 次迭代后，检验样本的误差从 0.008 开始增加到 0.011，网络训练结束。检验、测试和训练样本的均方误差都随迭代次数的增加而向小的值进行变化，其中最终的训练误差为 0.0002，说明训练达到了要求。训练、检验、测试和所有样本的所有关系系数（R-值）都大于 0.95，线性回归和拟合结果最好个体趋近于 0，同时人工神经网络模型所预测的结果都基本对称均匀地分布在拟合曲线的两边，这些结果说明建立的人工神经网络的表现是优秀的，能够有效地映射地质力学和岩体力学行为的线性和非线性关系，并为遗传算法建立有效的适应度函数。

④场地监测点的监测位移和混合 ANN-GA 模型预测的位移值之间的绝对误差都小于 0.01 cm，而所有的相对误差都小于 1%。这些比较结果说明，当地面位移已知时，基于人工神经网络模型和遗传算法的多参数人工智能反演分析模型，不仅能有效地识别岩体力学参数，而且能够准确地预测地面的位移情况。因此，在实际工程中，当进行地下资源开发利用时，采用准确的场地监测信息能够有效地获得地下很难用常规技术获得的岩体力学参数值。

第5章　基于井筒变形的岩体力学参数确定研究

5.1　引言

本章将研究基于在油气钻井时监测到的井筒变形量,采用人工智能位移多参数反演模型对岩体力学参数进行确定。在地下岩体工程中,初始地应力是指地层在没有任何人为活动(如钻井)时的初始压缩应力。地下岩体通常包含大量的不连续面,如天然裂隙和节理。岩体的初始地应力和天然裂隙或节理作为描述油气储层特征的重要组成部分,已经成为石油工程科研人员和工程师研究的热点,同时也是研究的难点。这些参数不仅影响油气储层的孔隙度和渗透率,而且还影响油气生产和钻井的优化设计和施工问题,是高效开发利用地下能源资源所要掌握的主要基本参数。同时,这些参数是进行井壁稳定性分析和水压致裂等工程岩体力学行为分析的关键基本参数。因此,在石油工程中,为了高效开采地下能源,进行油气井的优化设计,执行石油工程地质力学分析,必须定量确定地下岩体层的原场地应力和天然裂隙参数。

在通常情况下,地下岩层垂直原场地应力的大小近似按上覆岩石的自重计算。通过采用四臂卡尺数据、钻井诱发的拉裂隙和井筒的变形等方法,对原场地应力的方向进行确定,从目前实际工程中的应用可知,这些方法是有效的和可行的[131-132]。但是,针对地下岩层的最大、最小水平原场应力,特别是深部工程岩体相对比较难准确地定量确定,目前还没有一个统一的方法。工程中常用的确定方法包括:套心应力解除法、应变恢复法、USBM 和 CSIRO 套孔法、微震声学法、井筒变形法及水压致裂法等测试方法[133-135]。对这些方法进行分析,不难发现它们主要是基于线弹性理论。因此,采用基于线弹性理论的原场地应力确定方法,对于研究非线弹性的最大、最小水平原场应力参数与其力学行为问题,往往会导致一些误差,甚至是错误[132,136]。

理论分析和实验研究资料表明，最大、最小原场地应力与钻井时井筒变形之间有着密切的关系，并且它们之间的关系是非线性的[137]。因此，在石油和地质工程中，井筒变形已经广泛地被用来反演最大、最小水平原场地应力[138]。

由于油气藏在地面以下，通常在油气生产过程中，工程人员并不进行地下的开挖，只限制钻井到设计地层，因此，针对地下岩层的天然裂隙参数的确定，主要有 2 种方法：地面法和井筒法。在地面法中，主要利用地球物理的方法反演获得裂隙的动态参数，然后通过动态与静态岩体力学参数之间的关系，将裂隙的动态岩体力学参数转换为静态岩体力学参数，以供地下工程的设计、施工和稳定性分析等应用。但是，对不同类型的岩石地层，动态参数与静态岩体力学参数之间的关系并不统一，这使得该方法在工程实际应用过程中很受限制[139-140]。在井筒法中，利用岩心分析、井筒电视、地层微观扫描、剪切图像和一些传统测井方法，对天然裂隙参数进行确定[141]。近年来，Huang 等[142-143] 提出了基于钻井泥浆漏失量采用反分析方法对裂隙渗透率进行确定，进而确定裂隙特征，该方法的局限性在于没有对天然裂隙的方向、分布规律和模式进行有效的确定。

已有的研究结果可以证明，井筒变形能很好地表征其井筒周围天然裂隙的特征。在钻井过程中，由于泥浆的漏失、剪胀、井筒泥浆的压力作用，井筒往往发生变形，特别是有较多天然裂隙的地层，更容易发生井筒变形[144]。井筒的变形信息，采用井径测井和超声井筒电视（BHTV）等方法，很容易获得。因此，基于井筒变形对岩层裂隙特征化就变成了一种可能[145]。

为了克服上述挑战，本章提出了一种基于人工神经网络和遗传算法的位移反演方法，该方法基于钻井时监测到的变形对最大、最小水平原场地应力和天然裂隙特征进行识别。在该方法中，采用井径测井和 BHTV 测得井筒的变形量，离散单元法程序[146] 用来模拟分析钻井时井壁的稳定性，并产生人工智能反演分析模型的学习样本。

本章首先介绍井壁稳定性正演分析模型，模拟岩体力学参数与井筒位移之间的关系，然后采用数值算例来分析深部地层岩体力学参数反演分析原理的有效性和准确性。

5.2 多场耦合理论模型

油气的钻井过程是一个热传输、流体流动及岩体变形等多场相互耦合的过程[147]。本章采用通用离散单元法程序（universal distinct element code, UDEC）模拟基于裂隙传输的不连续介质，以及热-流-力多场耦合问题。裂隙岩体的变形主要包括原岩块的变形和天然裂隙的变形，假设遵循库仑滑动模型。因此，本章采用热孔隙介质弹塑性模型中的莫尔-库仑准则来对孔隙介质的变形破坏进行分析。

5.2.1　本构模型

采用增量数值算法的本构模型[133]，其表达式为：

$$\mathrm{d}\boldsymbol{\sigma}' = \boldsymbol{D}^{\mathrm{ep}}(\mathrm{d}\boldsymbol{\varepsilon} - \mathrm{d}\boldsymbol{\varepsilon}^{\mathrm{p}}) - \boldsymbol{m}\delta_{ij}\frac{18KG}{3K+4G}\beta\mathrm{d}T + \boldsymbol{m}\alpha\mathrm{d}p, \quad (5\text{-}1)$$

式中，$\mathrm{d}\boldsymbol{\sigma}'$ 为有效应力增量，$\mathrm{d}\boldsymbol{\varepsilon}$ 为总应变增量，$\mathrm{d}\boldsymbol{\varepsilon}^{\mathrm{p}}$ 为塑性应变增量，$\boldsymbol{m} = [1, 1, 0]^{\mathrm{T}}$，$K$ 为体积模量，G 为剪切模量，β 为热膨胀系数，$\mathrm{d}T$ 为温度增量，α 为 Biot's 系数，$\mathrm{d}p$ 为孔隙压力增量，δ_{ij} 为克罗内克函数（Kronecker delta）。其中，$\boldsymbol{D}^{\mathrm{ep}}$ 为弹塑应力应变矩阵，其表达式如下所示：

$$\boldsymbol{D}^{\mathrm{ep}} = \boldsymbol{D}^{\mathrm{e}} - \frac{\boldsymbol{D}^{\mathrm{e}}\dfrac{\partial Q}{\partial \boldsymbol{\sigma}'}\left(\dfrac{\partial F}{\partial \boldsymbol{\sigma}'}\right)^{\mathrm{T}}\boldsymbol{D}^{\mathrm{e}}}{-\dfrac{\partial F}{\partial \kappa}\left(\dfrac{\partial F}{\partial \boldsymbol{\varepsilon}^{\mathrm{p}}}\right)^{\mathrm{T}}\dfrac{\partial Q}{\partial \boldsymbol{\sigma}'} + \left(\dfrac{\partial F}{\partial \boldsymbol{\sigma}'}\right)^{\mathrm{T}}\boldsymbol{D}^{\mathrm{e}}\dfrac{\partial Q}{\partial \boldsymbol{\sigma}'}}, \quad (5\text{-}2)$$

$$\boldsymbol{D}^{\mathrm{e}} = \frac{E}{(1+\nu)(1-2\nu)}\begin{bmatrix} 1-\nu & \nu & 0 \\ \nu & 1-\nu & 0 \\ 0 & 0 & \dfrac{1-2\nu}{2} \end{bmatrix}, \quad (5\text{-}3)$$

$$E = \frac{9KG}{3K+G}, \quad (5\text{-}4)$$

$$\nu = \frac{3K-2G}{2(3K+G)}, \quad (5\text{-}5)$$

式中，E 为杨氏模量，ν 为泊松比，κ 为硬化参数，F 为屈服函数，Q 为塑性势函数。

采用线性莫尔-库仑屈服准则，屈服函数 F 的表达式如下所示：

$$F = \sigma_1' - \sigma_3'\frac{1+\sin\varphi}{1-\sin\varphi} + 2c\sqrt{\frac{1+\sin\varphi}{1-\sin\varphi}}, \quad (5\text{-}6)$$

式中，σ_1'，σ_3' 分别为最大、最小有效主应力，φ 为内摩擦角，c 为黏聚力。

采用非关联流动准则模拟岩石的剪胀行为，塑性势函数 Q 的表达式为：

$$Q = \sigma_1' - \sigma_3' \frac{1 + \sin\psi}{1 - \sin\psi},\qquad(5\text{-}7)$$

式中，ψ 为剪胀角。

5.2.2　流体流动模型

本小节采用区域结构法进行流体流动的数值模拟分析。如图 5-1 所示，将裂隙分为 4 个区域，区域 1 和区域 2 代表节理特征，区域 3 和区域 4 代表孔隙特征。这些区域被岩块之间的相互作用力分开。因此，流体流动特征由邻近区域的压力差控制，对于不同裂隙特征，其渗流量采用相同的方法进行计算。

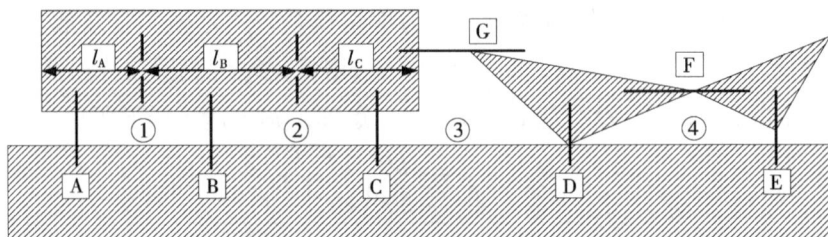

图 5-1　流体在裂隙中的流动模型

针对尖对尖或尖对边的裂隙接触类型，如图 5-1 中的接触点 D 和 G，渗流量的表达式为：

$$q = - k_c \mathrm{d}p,\qquad(5\text{-}8)$$

式中，k_c 为基于研究区域的裂隙几何分布的接触性渗透率系数，$\mathrm{d}p$ 为区域压力差，表达式为：

$$\mathrm{d}p = p_2 - p_1 + \rho_w g(y_2 - y_1),\qquad(5\text{-}9)$$

式中，ρ_w 为流体的密度；g 为重力加速度；y_1 和 y_2 为坐标 y 的中心坐标系。

针对边对边裂隙接触类型，如图 5-1 中的接触点 A 到 C，基于立方流体流动定律，裂隙长度为 l 的单裂隙渗流量与孔隙压力差之间的关系可表达为：

$$q = - \frac{a^3}{12\mu} \frac{\mathrm{d}p}{l},\qquad(5\text{-}10)$$

式中，μ 为动态黏聚度，a 为裂隙宽度，与应力之间的关系如图 5-2 所示。

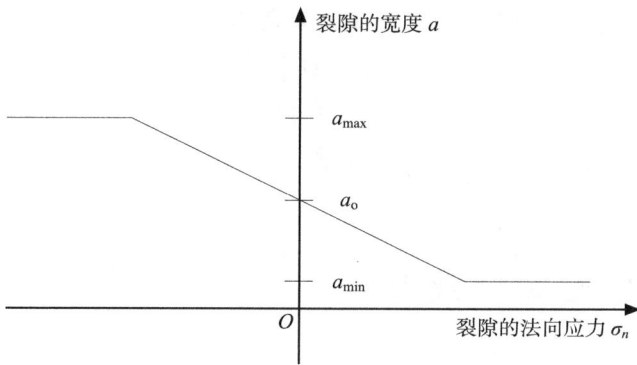

图 5-2　裂隙开裂宽度与裂隙的法向应力之间的关系

计算表达式为：

$$a = a_{\mathrm{o}} + u_n,\qquad(5\text{-}11)$$

式中，a_{o} 是初始裂隙宽度，u_n 是裂隙开裂后垂直裂隙方向的位移。

因此，对于整个节理裂隙系统，单元的单位间距流量为：

$$q_s = \frac{q}{s} = -\frac{a^3}{12\mu}\frac{\mathrm{d}p}{l}\frac{1}{s},\qquad(5\text{-}12)$$

式中，s 为节理间距。

根据 Goodman 定律（1970），裂隙的垂直刚度 k_n 和剪切刚度 k_s 分别表达为：

$$k_n = \frac{\mathrm{d}\sigma'_n}{\mathrm{d}u_n},\qquad(5\text{-}13)$$

$$k_s = \frac{\mathrm{d}\sigma'_s}{\mathrm{d}u_s},\qquad(5\text{-}14)$$

式中，σ'_n 和 σ'_s 分别为有效正应力和有效剪应力，$\mathrm{d}u_n$ 和 $\mathrm{d}u_s$ 分别为垂直方向位移和剪切方向位移。

5.2.3　热传导模型

基于傅里叶定律[148]，热传导的基本方程为：

$$Q_i = -k_{ij}\frac{\partial T}{\partial x_i},\qquad(5\text{-}15)$$

式中，Q_i 为 i 方向的单位面积热通量，k_{ij} 为热传导系数张量，x_i 为 i 方向的长度，T 为温度。其中，质量温度变化的表达式为：

$$\frac{\partial T}{\partial t} = \frac{Q_{net}}{C_p M},$$

(5-16)

式中，Q_{net} 为净热流入质量，C_p 为比热，M 为质量。

5.3 井壁稳定性分析

井壁稳定性问题通常是指井壁的变形、坍塌和周围地层的破裂，在钻井工程中，这些都是十分普遍的难题。在井壁稳定性问题的研究中，通常由于无法直接实现地层，特别是深部地层的实验研究，数值模拟研究就成了主要的研究方法，但是采用离散单元法并考虑天然裂隙和钻井液渗漏机制的油气井井壁稳定性研究相对较少。本节的研究以深部裂隙地层的油气井为背景，基于多场耦合分析理论，运用 UDEC 开展了在不同钻井液压力值的情况下，井周围渗流引起的内摩擦变化的井壁稳定性问题的研究，为优化钻井施工提供了技术指导和科学依据。

5.3.1 边界条件与初始条件

5.3.1.1 边界条件

本研究采用离散单元法模拟软件的裂隙生成器产生岩体结构场，并模拟分析井壁在温度场-应力场-渗流场（THM）耦合作用下的力学行为。如图5-3所示，井壁稳定性分析的几何模型区域是一个垂直于竖直井的二维水平正方形，大小是 4.0 m×4.0 m，模型的边界为固定边界，井眼位于几何中心，其直径为 0.2 m。为了方便研究钻井液（泥浆）渗漏对井壁稳定性的影响，设定泥浆渗漏范围的半径在 0.5 m 以内。图5-4 为二维离散单元裂隙岩体模拟软件（UDEC）计算模拟的井壁周围的裂隙分布模式和计算网格情况，任意天然裂隙由 UDEC 自带的泰森多边形（Voronoi）裂隙生成器产生，在计算范围内有三条天然节理裂隙，它们由节理裂隙生成器产生；为了提高计算精度，在泥浆渗漏区域进行了计算单元细化，如图5-4所示。

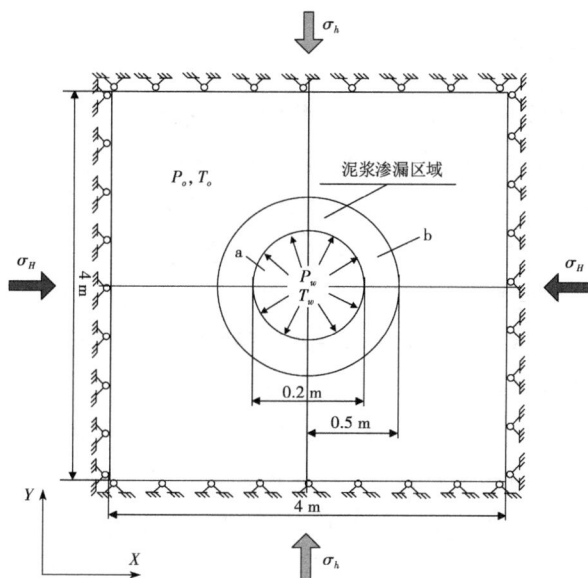

图 5-3　几何模型和边界条件

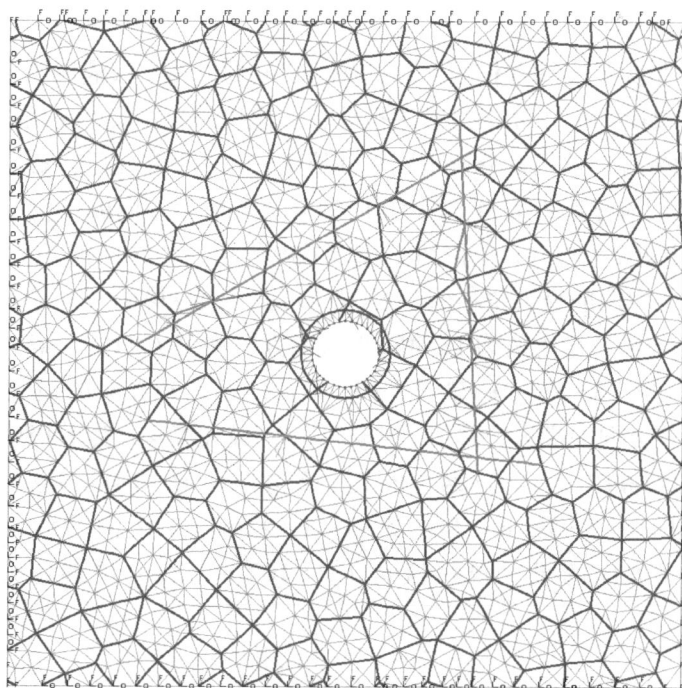

图 5-4　井壁周围的裂隙分布和计算网格情况

5.3.1.2 初始条件

为了进行深部裂隙岩体层的井壁稳定性问题研究，设井壁稳定性问题分析区域位于 2000 m 深的裂隙地层中，上层覆盖岩层产生的垂直应力为 45.13 MPa，计算模型区域所受的最大水平原场主应力的大小为 54.86 MPa，最小水平原场主应力的大小为 36.34 MPa，其方向如图 5-3 所示。初始孔隙压力 $P_0 = 26$ MPa，弹性模量 $E = 11$ GPa，泊松比 $v = 0.29$，剪胀角 $\psi = 10°$，岩石抗拉强度为 1.17 MPa，原场裂隙和岩石的内摩擦角为 36°，泥浆渗漏区域的内摩擦角将从 36° 减小到 25°。

原场地层的初始温度 $T_0 = 100$ ℃，热容量系数 $C_p = 890$ J/（kg・℃），热传导系数 $k = 25$ W/（m・℃）。井筒泥浆的温度 $T_w = 120$ ℃，泥浆的密度为 1200 kg/m³，泥浆的体积模量为 0.1 GPa，泥浆的粘结力为 0.1 Pa。

5.3.2 模拟结果与分析

为了模拟欠平衡钻井作用下井壁的稳定问题，钻井液液体压力值分别取 12 MPa、18 MPa 和 24 MPa 进行模拟分析。位移作为井壁可视化直观物理变形和破坏的表现，被用来分析不同钻井液压力对井壁稳定性的影响。

在钻井液液体压力值为 12 MPa 时，X 方向和 Y 方向的井壁井径缩小位移情况分别如图 5-5（a）和图 5-5（b）所示，X 方向的最大位移值是 8×10^{-4} m，Y 方向的最大位移值是 6×10^{-4} m，最大位移量为 1.175×10^{-3} m。

在钻井液液体压力值为 18 MPa 时，X 方向和 Y 方向的井壁井径缩小位移情况分别如图 5-5（c）和图 5-5（d）所示，X 方向的最大位移值是 8×10^{-4} m，Y 方向的最大位移值是 4×10^{-4} m，最大位移量为 1.086×10^{-3} m。

在钻井液液体压力值为 24 MPa 时，X 方向和 Y 方向的井壁井径缩小位移情况分别如图 5-5（e）和图 5-5（f）所示，X 方向的最大位移值是 6×10^{-4} m，Y 方向的最大位移值是 1.2×10^{-4} m，最大位移量为 0.7593×10^{-3} m。

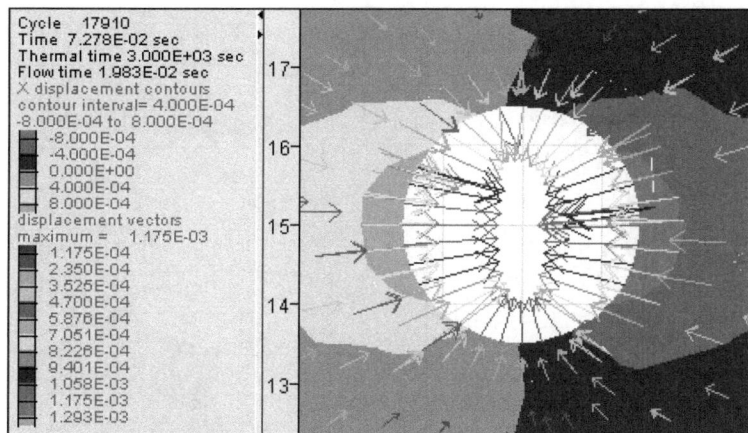

（a）钻井液液体压力值为 12 MPa 时，X 方向的井壁收敛情况

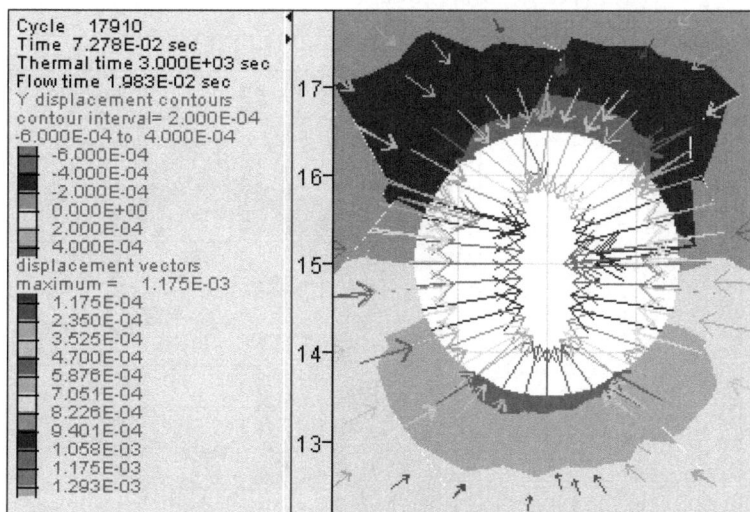

（b）钻井液液体压力值为 12 MPa 时，Y 方向的井壁收敛情况

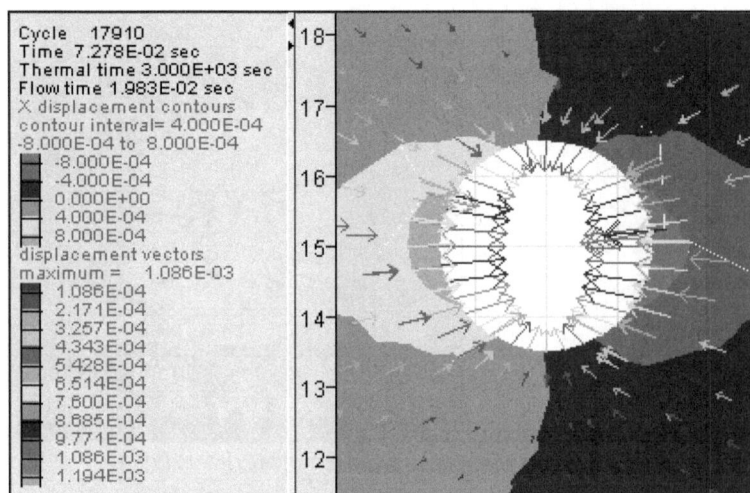

Cycle 17910
Time 7.278E-02 sec
Thermal time 3.000E+03 sec
Flow time 1.983E-02 sec
X displacement contours
contour interval= 4.000E-04
-8.000E-04 to 8.000E-04
-8.000E-04
-4.000E-04
0.000E+00
4.000E-04
8.000E-04
displacement vectors
maximum = 1.086E-03
1.086E-04
2.171E-04
3.257E-04
4.343E-04
5.428E-04
6.514E-04
7.600E-04
8.685E-04
9.771E-04
1.086E-03
1.194E-03

（c）钻井液液体压力值为 18 MPa 时，X 方向的井壁收敛情况

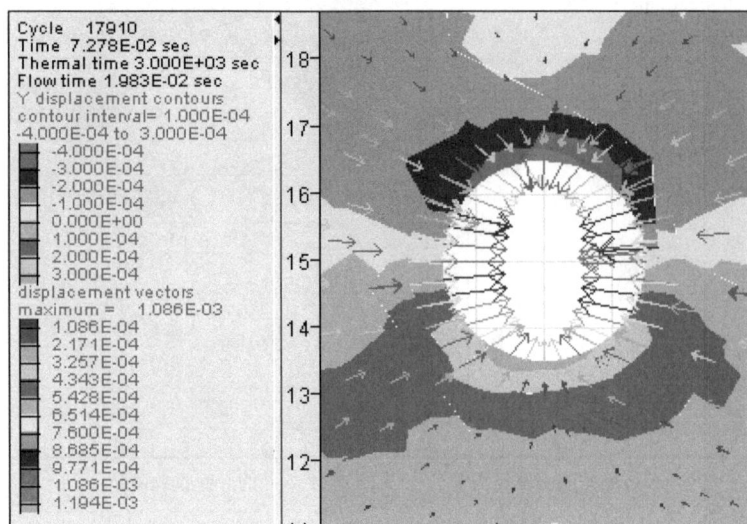

Cycle 17910
Time 7.278E-02 sec
Thermal time 3.000E+03 sec
Flow time 1.983E-02 sec
Y displacement contours
contour interval= 1.000E-04
-4.000E-04 to 3.000E-04
-4.000E-04
-3.000E-04
-2.000E-04
-1.000E-04
0.000E+00
1.000E-04
2.000E-04
3.000E-04
displacement vectors
maximum = 1.086E-03
1.086E-04
2.171E-04
3.257E-04
4.343E-04
5.428E-04
6.514E-04
7.600E-04
8.685E-04
9.771E-04
1.086E-03
1.194E-03

（d）钻井液液体压力值为 18 MPa 时，Y 方向的井壁收敛情况

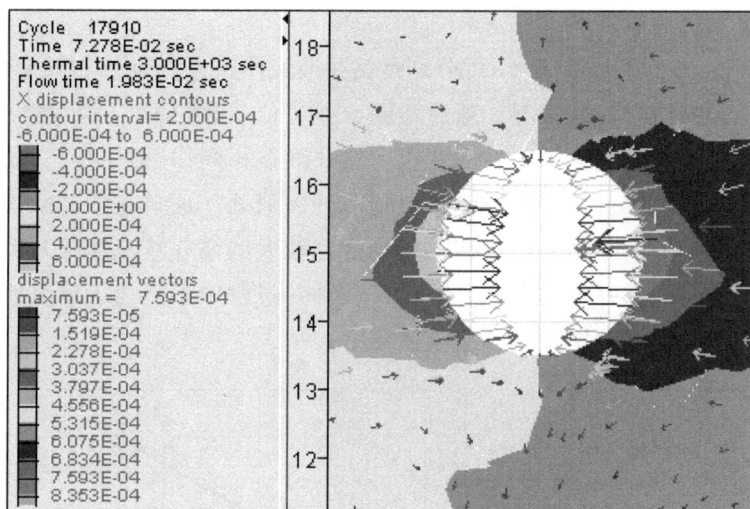

（e）钻井液液体压力值为 24 MPa 时，X 方向的井壁收敛情况

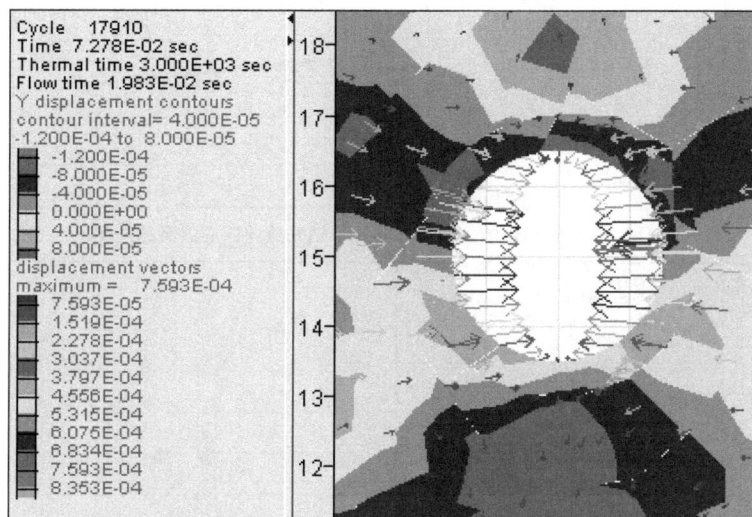

（f）钻井液液体压力值为 24 MPa 时，Y 方向的井壁收敛情况

图 5-5　不同钻井液液体压力下的井壁围岩位移情况

从图 5-5 所示的结果可以看出，随着钻井液液体压力值的增加，但不超过地层应力场最小压应力时，X 方向和 Y 方向的井壁井径缩小位移都将随

之减小。当围岩的变形量（位移量）达到一定数值时，井壁就会因变形过大而失稳。井壁周围围岩的位移量作为井壁变形的显性表征，显然其围岩位移量不能过大，所以当钻井液液体压力与地层最小水平压应力大小相当时，最有利于井壁的稳定。

图5-6（a）和图5-6（b）分别是钻井液液体压力值为12 MPa和18 MPa时，渗流场的压力变化情况。通过对图5-6（a）和图5-6（b）的比较可以看出，原有渗流场发生了明显的变化，钻井液在相同作用时间内，随着钻井液液体压力的增加，钻井液已经渗流到节理裂隙处，这与在渗透性较大的深部裂隙地层中的实际钻井施工情况相吻合，较大的钻井液液体压力也会因为更多的漏浆而引起井壁的失稳。因此，在钻井过程中不能为了单纯地减小井壁径向位移而单一地增加钻井液液体压力。

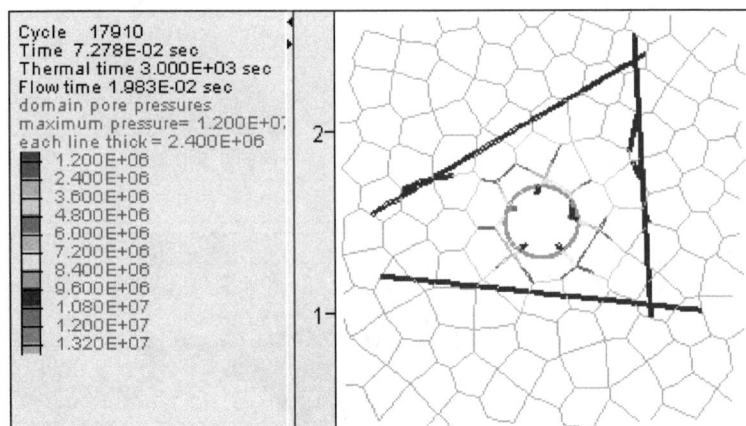

（a）钻井液液体压力值为12 MPa时，钻井液向四周渗流的范围

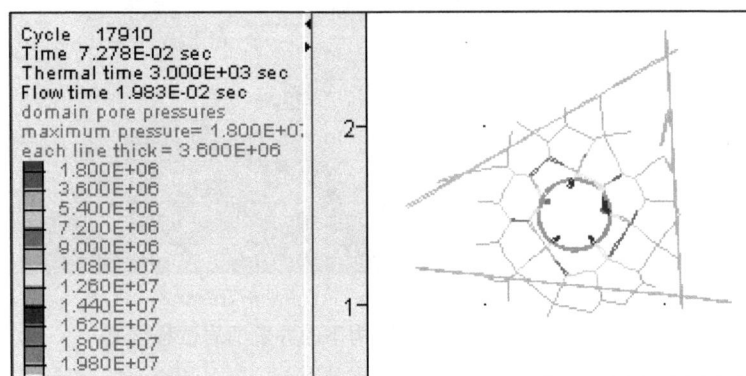

（b）钻井液液体压力值为18 MPa时，钻井液向四周渗流的范围

图5-6 不同钻井液液体压力下的泥浆渗流情况

5.4　基于井壁变形的岩体力学参数特征化研究

5.4.1　井壁稳定性分析模型的构建

5.4.1.1　井壁变形的计算模型

通过上述井壁稳定性分析的研究，可以知道利用离散单元法程序可以建立井壁稳定性分析模型作为正演模型，并能较好地模拟钻井时岩体力学参数与井筒变形之间的关系。

本部分以深部裂隙岩体储层作为研究对象，采用数值模拟和人工智能相结合的方法对深部储层的岩体力学参数进行特征化。现设井筒的位置在地面以下 2000 m 深处，油气储层岩体数值模拟的几何模型如图 5-7 所示，将研究的工程岩体层看作垂直井筒的平面，设其是一个二维平面应变问题，该计

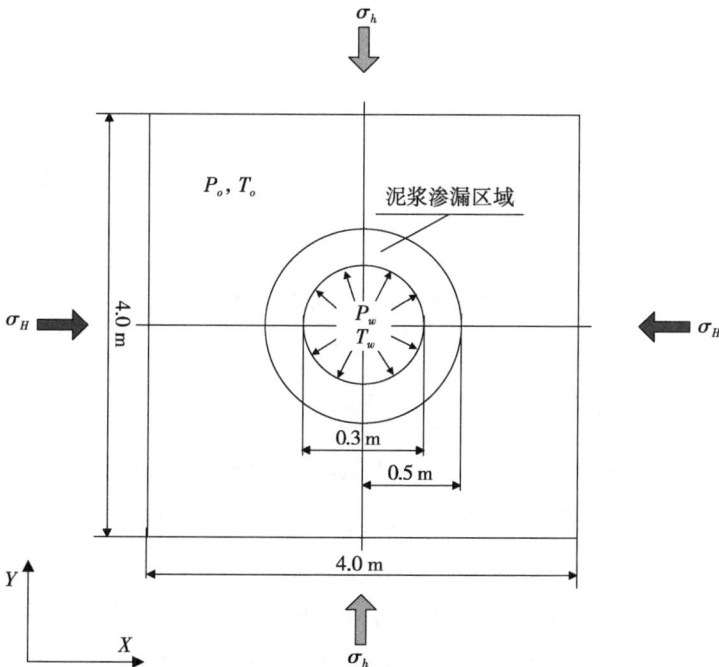

图 5-7　油气储层岩体数值模拟的几何模型

算的几何模型是一个二维正方形，该几何模型的边长为 4.0 m×4.0 m，边界条件是 4 个边都可以自由移动。圆形井筒位于计算的几何模型的中心，其直径为 0.2 m，并设定工程岩层钻井时泥浆渗漏区域呈圆形，且半径范围为：0.15~0.50 m。

对于节理裂隙的分布，利用 UDEC 自带的任意多角（边）形裂隙模式生成器，对所研究的深部工程岩体区域进行节理裂隙的分布，节理的角度、宽度和间距进行生成。采用 UDEC 自带节理裂隙生成器所产生的地层节理裂隙的分布、模式和特征如图 5-8 所示。图中将节理裂隙与 X 轴方向的夹角设为 θ，宽度设为 a_1，节理之间的间距设为 s；任意大小的多边形岩块及其裂隙宽度由 UDEC 自带的 Voronoi 生成器产生，其裂隙的特征值主要是宽度 a_2。

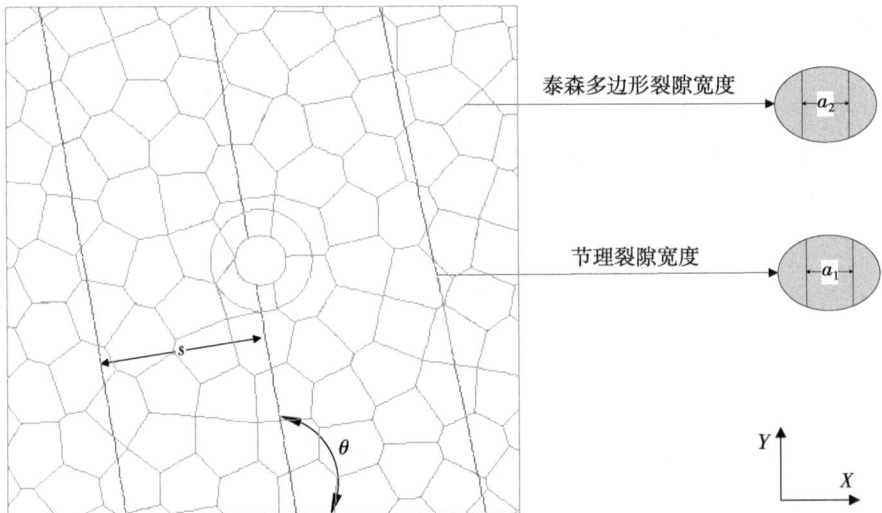

图 5-8　地层节理裂隙的分布、模式和特征

5.4.1.2　数值计算模型的输入参数

通过上覆岩层的平均密度可以计算获得该地层的垂直原场地应力的大小为 $\sigma_v = 38.9$ MPa，设初始孔隙压力 $P_0 = 25$ MPa，初始温度为 $T_0 = 103.55$ ℃。深部工程岩体被钻井后的地层孔隙压力和温度分别设为 $P_w = 30$ MPa 和 $T_w = 78.55$ ℃。在泥浆渗漏区域，裂隙的内摩擦角变化的规律设定为从初始的 30° 变为渗漏后的 15°，节理裂隙的内摩擦角变化的规律设定为从初始的 20° 变为渗漏后的 15°，同时它们的变形都遵循库仑滑移模型。

为了模拟分析深部工程岩体的井壁稳定性规律，需要将岩层岩（体）石物理和力学参数输入到井壁稳定性数值计算模型中，其中深部岩体的原岩物理力学参数如表 5-1 所示，钻井时所需要的泥浆和热力学参数如表 5-2 所示，深部工程岩体的节理裂隙输入参数如表 5-3 所示。

表 5-1　深部岩体的原岩物理力学参数

原岩物理力学参数	数值
密度/（kg/m³）	2500
体积模量/GPa	5.81
剪切模量/GPa	5.11
Biot's 系数	0.88
摩擦角/°	30
粘结力/MPa	10
剪胀角/°	10
Tensile strength/MPa	3.0

表 5-2　泥浆和热力学参数

泥浆参数			热力学参数		
密度/（kg/m³）	体积模量/GPa	粘结力/Pa	比热 C_p/（J/kg·℃）	膨胀系数 β/（10^{-6}/℃）	传导系数 k/（W/m·℃）
1030	2.0	0.1	775	5.0	2.5

表 5-3　节理裂隙输入参数

裂隙输入参数	裂隙数值	节理裂隙数值
垂直刚度/（Pa/m）	9.0×10^{11}	9.0×10^{11}
剪切刚度/（Pa/m）	6.0×10^{11}	3.0×10^{11}
摩擦角/°	30	20
泥浆入侵后的摩擦角/°	15	15
裂隙的渗透系数/[1/（Pa·s）]	83.3	83.3
抗拉强度/MPa	0	0

5.4.2　网络学习样本的构建

5.4.2.1　监测点位置的确定

本章的目的就在于采用场地监测到的井筒变形量，通过人工智能岩体力学参数特征化反演模型对深部目标地层的最大、最小原场水平主应力，任意裂隙的裂隙宽度，节理裂隙的方向、宽度和间距进行定量识别。在进行人工智能反演模型的反演识别时，需要一定量的网络学习样本。

根据岩体力学参数特征化的要求，网络的输入是：最大、最小原场水平主应力，任意裂隙的裂隙宽度，节理裂隙的方向、宽度和间距。根据井壁稳定性模拟分析可知，要想较好地反映岩体力学参数与井壁力学行为之间的关系，需要分别对井壁上 X 方向和 Y 方向上的 7 个点进行监测，监测点的具体位置如图 5-9（a）和图 5-9（b）所示。

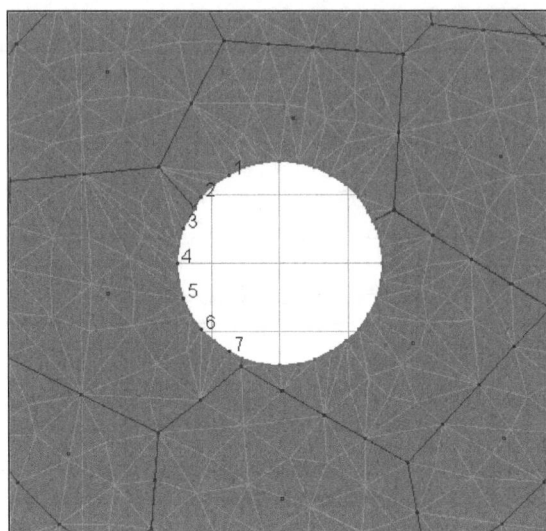

（a）X 方向位移的监测点位置

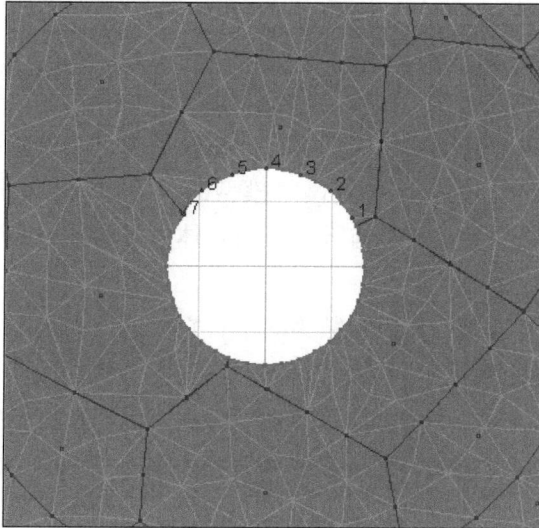

（b）Y方向位移的监测点位置

图 5-9　井筒壁上位移监测点的位置

　　如上所述，神经网络模型的输出参数是：井筒壁上 7 个 X 方向监测点的变形量和 7 个 Y 方向监测点的变形量，共 14 个位移量。当 6 个深部岩体力学参数作为人工神经网络模型输入，14 个监测点对位移进行监测作为网络的输出参数时，本研究的人工神经网络模型的基本结构也就建立起来了，如图 5-10 所示。同时，14 个监测点所监测到的位移信息与人工神经网络模型的预测值构建了遗传算法优化识别的目标函数关系。

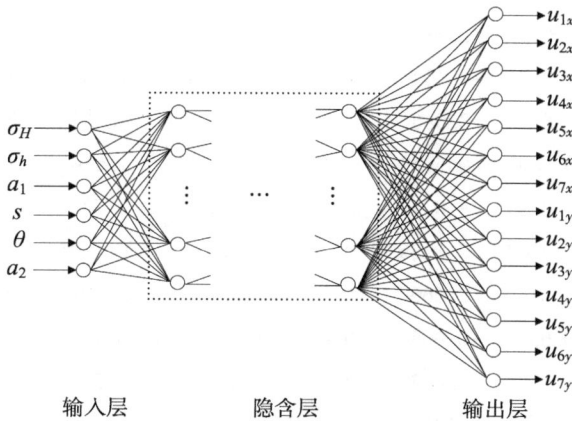

图 5-10　人工神经网络模型的基本结构

5.4.2.2 学习样本的建立

基于 UDEC 建立了热-流-力多场耦合数值计算模型。利用该模型执行大量的数值试验来对井壁的稳定性进行分析。最后，从这些数值试验样例中采集 60 个样本数据作为人工神经网络模型的学习样本，用来训练、测试和验证人工神经网络模型是否能有效地映射岩体力学参数与井壁力学行为之间的线性/非线性关系。

人工神经网络模型的输入参数为 6 个，它们最大和最小水平原场主应力 $（\sigma_H，\sigma_h）$、节理的裂隙宽度 a_1、节理的间距 s、节理的倾角 θ 和裂隙的宽度 a_2；输出参数为 14 个，它们包括井壁上测点位置 X 方向上的 7 个位移和 Y 方向的 7 个位移。表 5-4 是数值模拟所采集到的学习样本数据的 60 个输出位移参数，作为人工神经网络模型的学习输出学习样本，其中训练样本为 50 个，测试样本为 10 个，验证学习样本是从训练样本和测试样本中随机抽取 20% 对人工神经网络模型进行验证的。

表 5-4 人工神经网络模型的学习输出学习样本

序号		位移输出参数（$\times 10^{-4}$ m）						
	位移	监测点 u_1	监测点 u_2	监测点 u_3	监测点 u_4	监测点 u_5	监测点 u_6	监测点 u_7
				学习样本				
1	u_x	2.11	3.356	4.091	4.543	4.234	3.252	2.302
	u_y	0.5728	0.9677	1.759	2.062	1.528	0.9482	0.5432
2	u_x	1.643	2.535	2.884	3.045	2.858	2.249	1.598
	u_y	−1.005	−1.404	−1.627	−1.847	−1.733	−1.528	−1.15
3	u_x	1.66	3.016	3.898	4.473	4.163	3.287	2.272
	u_y	0.009	0.5912	1.144	1.658	1.676	1.058	0.61
4	u_x	2.059	3.027	3.48	3.719	3.528	2.691	1.815
	u_y	0.0148	0.0985	0.4139	0.4993	0.2025	−0.053	−0.182
5	u_x	1.821	2.666	3.05	3.217	3.022	2.365	1.625
	u_y	−0.636	−0.907	−0.8709	−0.8308	−0.9494	−0.9634	−0.804
6	u_x	1.373	2.447	3.147	3.664	3.53	2.8	1.929
	u_y	−0.051	0.3504	0.9672	1.088	0.721	0.4851	0.3257
7	u_x	1.334	2.546	3.305	3.837	3.513	2.702	1.845
	u_y	0.0285	0.4384	0.8861	1.113	1.185	0.7707	0.4168

续表

序号	位移	位移输出参数 （×10⁻⁴ m）						
		监测点 u_1	监测点 u_2	监测点 u_3	监测点 u_4	监测点 u_5	监测点 u_6	监测点 u_7
8	u_x	1.543	2.716	3.412	3.887	3.577	2.793	1.843
	u_y	0.0801	0.513	1.191	1.343	1.069	0.621	0.2382
9	u_x	1.505	2.243	2.547	2.655	2.462	1.912	1.314
	u_y	−0.694	−1.008	−1.134	−1.377	−1.421	−1.265	−0.937
10	u_x	1.453	2.332	2.854	3.196	3.098	2.292	1.515
	u_y	0.0165	0.498	1.245	1.543	1.152	0.6725	0.3216
11	u_x	1.669	2.374	2.671	2.793	2.613	2.048	1.425
	u_y	−0.465	−0.624	−0.6076	−0.6397	−0.7906	−0.8067	−0.666
12	u_x	1.617	2.654	3.355	3.821	3.468	2.655	1.744
	u_y	0.0539	0.5385	1.278	1.563	1.18	0.7092	0.3075
13	u_x	1.888	2.792	3.354	3.449	3.096	2.273	1.478
	u_y	0.0889	0.1905	0.4982	0.5587	0.2486	0.1621	0.128
14	u_x	1.199	2.247	2.854	3.257	3.049	2.384	1.571
	u_y	0.0672	0.2358	0.6386	0.8918	0.7888	0.479	0.2922
15	u_x	1.584	2.248	2.531	2.651	2.473	2.015	1.411
	u_y	−0.588	−0.854	−0.9231	−0.9871	−1.049	−1.044	−0.796
16	u_x	1.445	2.154	2.476	2.597	2.421	1.875	1.283
	u_y	−0.516	−0.723	−0.7745	−1.003	−1.088	−0.9962	−0.764
17	u_x	1.263	2.232	2.715	3.079	2.792	2.188	1.409
	u_y	0.3301	0.732	1.43	1.483	1.178	0.7049	0.3297
18	u_x	1.308	1.854	2.029	2.065	1.9	1.507	0.9875
	u_y	−1.103	−1.458	−1.602	−1.681	−1.711	−1.545	−1.148
19	u_x	1.556	2.558	3.136	3.54	3.236	2.523	1.654
	u_y	0.2546	0.7355	1.45	1.863	1.486	0.9583	0.4384
20	u_x	1.519	2.228	2.614	2.793	2.663	2.071	1.434
	u_y	−0.270	−0.213	0.0261	0.1009	−0.1125	−0.2709	−0.278
21	u_x	1.413	2.125	2.562	2.812	2.621	2.061	1.435
	u_y	0.1208	0.045	0.4044	0.5405	0.3091	0.0936	0.0255
22	u_x	1.157	1.677	1.855	1.902	1.734	1.324	0.8992
	u_y	−0.649	−0.952	−1.099	−1.325	−1.364	−1.213	−0.905

序号	位移	\multicolumn{7}{c}{位移输出参数（×10⁻⁴ m）}						
		监测点 u_1	监测点 u_2	监测点 u_3	监测点 u_4	监测点 u_5	监测点 u_6	监测点 u_7
23	u_x	0.9318	1.769	2.251	2.599	2.553	1.842	1.179
	u_y	0.0471	0.4186	1.051	1.195	1.095	0.645	0.3193
24	u_x	1.333	2.081	2.514	2.777	2.661	1.955	1.268
	u_y	0.113	0.3891	0.9841	1.206	0.8647	0.4653	0.1811
25	u_x	1.245	1.93	2.328	2.55	2.44	1.815	1.182
	u_y	0.1493	0.2822	0.74	0.8992	0.6037	0.2951	0.1051
26	u_x	1.132	1.88	2.328	2.622	2.532	1.799	1.096
	u_y	0.1649	0.646	1.36	1.642	1.245	0.7463	0.3622
27	u_x	1.434	2.001	2.263	2.391	2.18	1.784	1.214
	u_y	−0.525	−0.787	−0.8057	−0.7906	−0.8602	−0.8301	−0.687
28	u_x	1.447	2.23	2.786	3.076	2.778	2.172	1.401
	u_y	0.146	0.4095	0.8825	1.171	0.8856	0.5198	0.2427
29	u_x	0.9149	1.464	1.706	1.886	1.706	1.442	0.8917
	u_y	−0.645	−1.022	−1.117	−0.9725	−0.9144	−0.8482	−0.649
30	u_x	0.7497	1.315	1.606	1.903	2.09	1.86	1.323
	u_y	0.3516	0.2422	0.4568	0.7764	0.6485	0.4678	0.3258
31	u_x	1.519	2.211	2.611	2.805	2.551	1.92	1.296
	u_y	0.2703	0.5162	0.9379	1.072	0.7657	0.4316	0.2142
32	u_x	0.9999	1.389	1.463	1.456	1.294	0.9596	0.6337
	u_y	−0.632	−0.931	−1.086	−1.41	−1.439	−1.251	−0.965
33	u_x	0.7264	1.27	1.661	2.069	1.966	1.63	1.231
	u_y	−0.466	−0.377	−0.0833	0.4771	0.4359	0.3372	0.3216
34	u_x	1.02	1.578	1.916	2.16	2.012	1.542	1.031
	u_y	0.0149	0.3356	0.8201	1.01	0.7465	0.4414	0.2222
35	u_x	1.132	1.527	1.716	1.792	1.626	1.345	0.9128
	u_y	−0.5704	−0.8686	−0.9391	−0.9465	−0.987	−0.9186	−0.7247
36	u_x	0.9307	1.268	1.357	1.349	1.115	0.7899	0.5291
	u_y	−0.7588	−1.003	−1.112	−1.185	−1.239	−1.133	−0.9295
37	u_x	0.9164	1.568	1.832	2.089	2.004	1.647	1.086
	u_y	0.4159	0.773	1.365	1.537	1.224	0.7535	0.3866

续表

序号	位移	位移输出参数（×10⁻⁴ m）						
		监测点 u_1	监测点 u_2	监测点 u_3	监测点 u_4	监测点 u_5	监测点 u_6	监测点 u_7
38	u_x	0.6413	1.117	1.302	1.453	1.372	0.9331	0.5504
	u_y	0.0499	0.2661	0.5373	0.5432	0.4878	0.2692	0.0283
39	u_x	0.7236	0.9918	1.001	0.988	0.8597	0.608	0.3781
	u_y	−0.3363	−0.5079	−0.5916	−0.7829	−0.859	−0.7936	−0.651
40	u_x	0.5102	1.02	1.29	1.496	1.395	1.067	0.6721
	u_y	0.0469	0.2945	0.5586	0.7449	0.6979	0.4338	0.2504
41	u_x	0.4065	0.6527	0.7419	0.8506	0.7347	0.664	0.3462
	u_y	−0.453	−0.690	−0.7472	−0.6533	−0.6103	−0.5698	−0.437
42	u_x	0.8	1.175	1.414	1.66	1.481	1.259	0.8107
	u_y	0.1364	0.5334	1.047	1.24	0.9533	0.6261	0.3477
43	u_x	0.7035	1.04	1.287	1.426	1.247	0.9913	0.6183
	u_y	0.1512	0.5316	1.002	1.179	0.9237	0.6168	0.3016
44	u_x	0.7476	0.9645	1.105	1.127	0.9759	0.7196	0.4867
	u_y	−0.083	−0.035	0.0716	0.0871	−0.0588	−0.1464	−0.169
45	u_x	0.7076	0.9374	1.07	1.180	1.147	0.9989	0.6875
	u_y	−0.206	−0.179	−0.1237	−0.2527	−0.3683	−0.3429	−0.243
46	u_x	0.2778	0.5868	0.6023	0.6887	0.6442	0.3991	0.2553
	u_y	0.1141	0.287	0.4512	0.5356	0.4524	0.2877	0.0939
47	u_x	0.5155	0.7272	0.6884	0.7929	0.7162	0.5056	0.2764
	u_y	0.3965	0.6032	0.9129	1.005	0.7689	0.5157	0.1674
48	u_x	0.3464	0.4668	0.4789	0.4807	0.3823	0.3152	0.1429
	u_y	−0.360	−0.494	−0.5405	−0.647	−0.5429	−0.4986	−0.449
49	u_x	0.4704	0.5546	0.567	0.5681	0.443	0.29	0.1836
	u_y	0.1497	0.2467	0.378	0.3931	0.2291	0.1098	−0.029
50	u_x	0.5213	0.6583	0.5789	0.6978	0.5576	0.502	0.2481
	u_y	0.4184	0.6536	0.9288	0.9854	0.7406	0.5103	0.1616
测试样本								
51	u_x	1.978	2.846	3.272	3.488	3.219	2.62	1.808
	u_y	−0.766	−1.114	−1.133	−1.112	−1.178	−1.124	−0.882

序号	位移	位移输出参数（×10⁻⁴ m）						
		监测点 u_1	监测点 u_2	监测点 u_3	监测点 u_4	监测点 u_5	监测点 u_6	监测点 u_7
52	u_x	1.406	2.446	3.089	3.522	3.471	2.634	1.775
	u_y	-0.129	0.2026	0.74	1.203	1.169	0.7205	0.4157
53	u_x	1.613	2.63	3.235	3.633	3.273	2.54	1.716
	u_y	0.5258	0.9144	1.684	2.001	1.507	0.9698	0.5883
54	u_x	1.089	1.729	2.058	2.26	2.06	1.735	1.104
	u_y	-0.752	-1.188	-1.32	-1.172	-1.103	-1.015	-0.742
55	u_x	1.363	2.045	2.258	2.445	2.177	1.564	1.018
	u_y	0.0251	0.3478	0.7609	0.9375	0.6193	0.2852	-0.026
56	u_x	0.913	1.573	1.824	2.052	1.964	1.375	0.8263
	u_y	0.3895	0.6895	1.195	1.185	0.9134	0.539	0.1927
57	u_x	0.7493	1.031	1.018	0.9866	0.8422	0.5977	0.3802
	u_y	-0.709	-1.05	-1.261	-1.484	-1.522	-1.326	-1.011
58	u_x	0.8325	1.288	1.52	1.732	1.636	1.343	0.8647
	u_y	0.1695	0.4086	0.7218	0.6616	0.438	0.2885	0.1191
59	u_x	0.3082	0.6973	0.9045	1.081	1.017	0.774	0.4776
	u_y	0.0503	0.3093	0.5694	0.7636	0.7371	0.4785	0.2861
60	u_x	0.2802	0.3981	0.4156	0.4534	0.4014	0.1817	0.0313
	u_y	0.2713	0.5388	0.8572	0.8328	0.6459	0.3644	0.1445

5.4.3 人工智能岩体力学参数识别模型

5.4.3.1 混合人工神经网络和遗传算法模型

本研究采用人工神经网络进行数据分析，拟合岩体力学参数与力学行为之间的逻辑关系，遗传算法用来优化识别上述 6 个岩体力学参数。所提出的人工智能位移反演分析模型，与传统的位移反分析方法一样，在执行原场主应力（σ_H，σ_h）、节理裂隙参数（a_1，s，θ，a_2）遗传算法优化识别时，也需要建立一个目标函数，本研究建立的遗传算法目标函数表达式为：

$$fitness = \min\left\{\frac{1}{k}\sum_{j=1}^{k}\left(\left|Y_j - U_j\right|\right)\right\}, \qquad (5-17)$$

式中，k 是井壁上 X 方向和 Y 方向的监测点数量，Y_j 和 U_j 分别是第 j 个监测点的网络预测位移和场地实际监测位移值。

在岩体工程中，基于场地监测到的信息，对深部工程岩体力学参数进行识别是一种非常好的参数确定方法。本研究所采用的混合人工神经网络和遗传算法模型的流程如下所述。

第一步：建立适当的人工神经网络模型，包括初步确定网络类型、算法、隐含层数、计节点数和激活函数等。

第二步：初始化网络的权值和阈值。

第三步：采用二维离散元模型产生的学习样本对初始的神经网络模型进行训练，通过训练来优化人工神经网络模型的权值和阈值。

第四步：评价网络模型的训练情况。如果网络输出和目标输出的均方误差（MSE）达到要求或达到迭代次数，则训练终止。否则，回到第三步。

第五步：检查网络模型的 MSE 值和数据回归结果。

第六步：确定人工神经网络模型是否可以映射网络输入和网络输出之间的关系，如果网络模型的 MSE 值和数据结果都满足要求，则保存该网络模型，并利用该模型建立遗传算法目标函数，否则回到第一步。

第七步：初始化遗传算法参数，如种群大小 N_{pop_size}，最大迭代数 N_{max_gen}，交叉概率 P_c，变异概率 P_m 等，以及遗传算法的搜索范围。为了有效地执行遗传优化全局搜索，本书采用真数值编码。

第八步：在给定的岩体力学参数搜索范围内产生初始候选解，并组成相应的种群。

第九步：回到第六步，输入候选解到建立的人工神经网络模型中，利用训练好的网络模型预测与岩体力学参数相对应的位移。

第十步：利用目标函数方程评价种群中当前个体的拟合值。

第十一步：如果所有的个体都被评价，将记录最好的个体到下一步；否则回到第九步。

第十二步：如果获得最优解，则算法结束，输出裂隙刚度、水平原场应力和弹性参数，以及相对应的井筒位移量，否则到下一步。

第十三步：执行遗传操作，如选择、交叉、变异。基于这些遗传操作重新创建遗传算法的种群。

第十四步：重复第十三步直至产生新的 N_{pop_size} 个种群。

第十五步：用新的个体代替旧个体，组成新的种群。

第十六步：采用新个体组成的新种群重新执行第九步。

5.4.3.2 人工神经网络和遗传算法的参数设计

为了采用建立的混合人工神经网络模型和遗传算法人工智能多参数反演模型确定岩体力学参数，首先采用 UDEC 模型产生了 60 个样本来训练和测试人工神经网络模型，并结合场地监测信息建立遗传算法目标函数；然后利用遗传算法优化搜索最优的种群，即所要确定的岩体力学参数。

（1）人工神经网络模型参数

最大训练迭代数为 1×10^5，目标误差指标为 1×10^{-5}，学习速率为 0.05，选用 Learngdm( ) 作为训练函数，隐含层使用 Hypertan 函数，输出层使用 Logsigmoid 函数以保证数值范围在 0~1。

（2）遗传算法参数

①最大迭代次数（I_{maxgen}）。遗传算法目前还没有一个确定的优化终止条件，通常采用最大迭代次数来控制，可以根据经验和数据的复杂程度在 100~1000 取整数值，本次优化取最大迭代次数 $I_{maxgen} = 200$。

②种群规模（S_{pop}）。种群规模的大小直接影响个体的多样性和个体目标性能评价的快慢，即太小，多样性不够，太大，收敛速度慢，根据问题的复杂程度一般在 10~100 取整数值，本次研究选择 60 作为种群规模。

③交叉操作概率 P_c。交叉操作是对选中的个体之间通过交叉算子实现优化个体的目的。用来判断所选择个体是否被交叉的概率 $P_c = 0.4$，以保证个体产生的随机性和保持已组成种群的原有的优良模式。

④变异操作概率 P_m。变异操作主要是用来提高局部搜索能力和保持个体的多样性，用来判断所选择个体是否变异的概率 $P_m = 0.2$，以保证 GA 优化搜索时能在局部搜索空间中实现对个体基因编码结构的优化。

（3）岩体力学参数范围

最大水平原场应力 σ_H：30.0 MPa~50.0 MPa；

最小水平原场应力 σ_h：25.0 MPa~45.0 MPa；

节理裂隙的角度 θ：$0 \sim 180°$；

节理裂隙宽度 a_1：$1 \sim 5$ mm；

节理裂隙间距 s：$0.1 \sim 2$ m；

任意裂隙的宽度 a_2：$0.1 \sim 1$ mm。

（4）场地监测信息

场地监测位移点有 14 个，包括 X 方向和 Y 方向，它们是 $u_{1x} = 1.281 \times 10^{-4}$ m，$u_{2x} = 2.257 \times 10^{-4}$ m，$u_{3x} = 2.751 \times 10^{-4}$ m，$u_{4x} = 3.115 \times 10^{-4}$ m，$u_{5x} = 3.022 \times 10^{-4}$ m，$u_{6x} = 2.211 \times 10^{-4}$ m，$u_{7x} = 1.425 \times 10^{-4}$ m；$u_{1y} = 0.3128 \times 10^{-4}$ m，$u_{2y} = 0.7127 \times 10^{-4}$ m，$u_{3y} = 1.405 \times 10^{-4}$ m，$u_{4y} = 1.454 \times 10^{-4}$ m，$u_{5y} = 1.152 \times 10^{-4}$ m，$u_{6y} = 0.6857 \times 10^{-4}$ m，$u_{7y} = 0.3213 \times 10^{-4}$ m。基于上述场地监测的井筒位移和建立的目标函数，利用混合人工神经网络和遗传算法模型中遗传算法的优化搜索能力对岩体力学参数进行识别。

5.4.4　岩体力学参数识别结果与分析

根据工程的实际情况，采用数值模拟的方法产生的 60 个学习样本，对人工神经网络预测模型进行训练和测试，确定最优的人工神经网络预测模型的拓扑结构（6-8-12-14），从而根据输入的岩体力学参数进行相应的井筒位移预测，并结合场地监测井筒位移建立遗传算法目标函数。最后，基于建立的遗传算法目标函数，采用遗传算法在一个大的搜索空间找到最优的解，即所求的岩体力学参数。

MSE、R-值、目标位移和预测位移的回归分析等结果被用来验证建立的人工神经网络预测模型能否有效地映射原场主应力和节理裂隙参数与井筒位移之间的非线性关系。

对识别到的岩体力学参数是否准确进行验证的方法：①遗传算法识别过程的迭代曲线结果；②将识别的岩体力学参数代入建立的数值模型中，在保持其他输入参数不变的情况，通过模拟计算获得其相应监测点的位移值，看是否与场地监测位移一致。

5.4.4.1　岩体力学参数的识别结果

现执行人工智能多参数岩体力学参数识别，在 200 次迭代后，混合

ANN-GA 组成的人工智能岩体力学参数识别模型得到的岩体力学参数如下所述：

最大水平原场应力 $\sigma_H = 46.0773$ MPa；最小水平原场应力 $\sigma_h = 25.5366$ MPa；节理裂隙的角度 $\theta = 98.6331°$；节理裂隙宽度 $a_1 = 2.0004$ mm；节理裂隙间距 $s = 0.4802$ m；任意裂隙的裂隙宽度 $a_2 = 0.5521$ mm。

5.4.4.2　人工神经网络模型的结果

现通过神经网络的评价准则、均方误差和 R 值及预测值与目标值的交会图，对训练好的神经网络进行评价，结果如下：

（1）均方误差

图 5-11 是训练、检验、测试样本随迭代变化的均方误差的变化。由图 5-11 可知，当检验样本（从训练样本和测试样本中随机抽取 20% 的样本，称为验证样本，在人工智能每次岩体力学参数识别过程中都不一样）的均方误差从 $0.18×10^{-8}$ 到 $0.182×10^{-8}$ 开始增加，人工神经网络预测模型在经过 24 次迭代训练后停止。在人工神经网络预测模型的训练过程中，训练样本的均方误差始终是随着迭代的增加保持减小的趋势，最终的均方误差值约为 $0.0012×10^{-8}$，测试样本的结果也表明，人工神经网络预测模型的训练过程没有出现过拟合情况。因此，训练好的人工神经网络预测模型能有效地映射岩体力学参数与井筒位移之间的非线性关系。

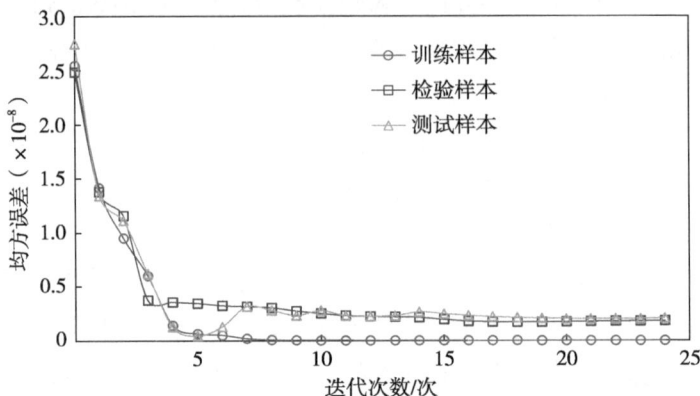

图 5-11　均方误差随迭代的变化曲线

（2）关系系数（R-值）

图 5-12 是网络输出与相对应的目标输出之间的线性回归分析，以及

训练样本、测试样本、验证样本和所有样本的关系系数（R-值）。由图 5-12 可知，训练样本、测试样本、验证样本和所有样本都有好的散点拟合关系曲线，其中各种学习样本的关系系数都大于 0.90。由参考文献[118] 的研究结果可知，当学习样本的关系系数大于 0.85 时，建立的人工神经网络预测模型的表现属于"优秀"，所以认为该网络模型能准确地进行井筒位移的预测。

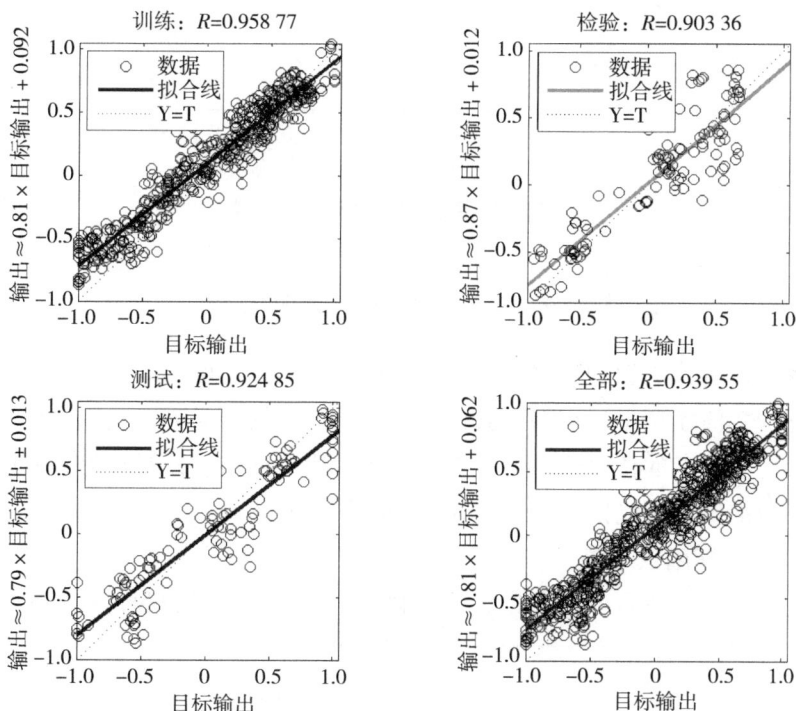

图 5-12　样本的线性回归分析

（3）结果比较分析

图 5-13 是在网络学习和测试过程中，针对训练样本和测试样本，人工神经网络预测模型的预测位移与目标位移之间的比较分析。由图 5-13 可知，预测位移与目标位移基本上均匀地分布在拟合曲线的两边，而且人工神经网络预测模型预测的井筒位移与真实的井筒场地监测位移基本一致。评价结果表明，训练好的人工神经网络预测模型能用来解决复杂的深部岩体工程问题，有效地映射岩体力学参数与井壁变形之间的非线性关系。

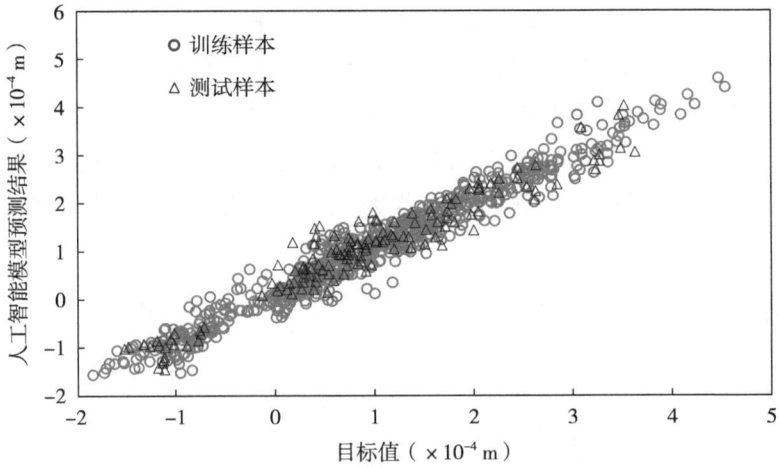

图5-13 目标值与预测值的比较

5.4.4.3 遗传算法和岩体力学参数的识别结果

通过遗传算法识别过程的迭代曲线结果，以及将识别的岩体力学参数代入建立的数值模型中，在保持其他输入参数不变的情况下，通过模拟计算获得其相应监测点的位移值，看是否与场地监测位移一致，对获得的岩体力学参数是否准确进行判别。具体结果及分析如下所述。

（1）目标函数结果

图5-14是平均个体和最优个体随迭代次数增加的目标函数值变化曲

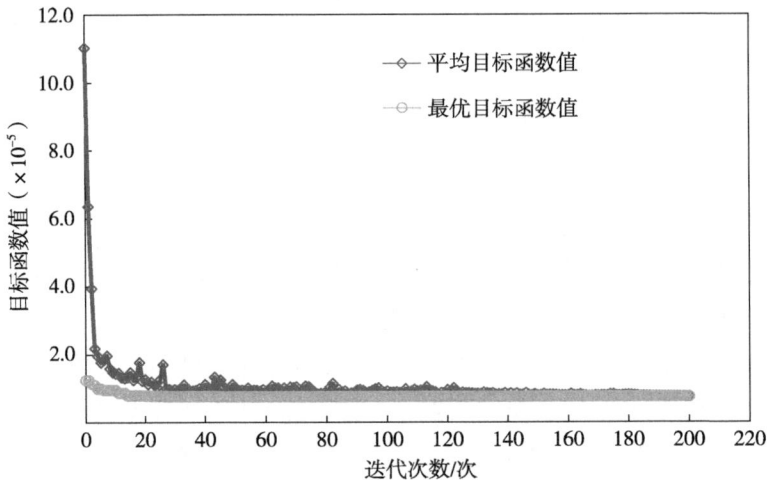

图5-14 目标函数值变化曲线

线。由图 5-14 可知，当采用遗传算法进行最优解搜索时，遗传算法的个体保持着多样性。在经过 200 次进化迭代后的平均个体和最优个体的目标函数值分别是最终平均和最好个体的适应度函数值随迭代的增加逐渐向真实结果逼近，最终平均和最好个体的适应度函数值分别是 7.59×10^{-6} 和 7.52×10^{-6}，都趋近于 0。这说明遗传算法找到了最优解，即识别的岩体力学参数。

（2）结果比较

图 5-15 和表 5-5 都是人工神经网络模型预测的位移量、场地监测的位移量和识别参数代入正演模型的计算位移量之间的比较。从图 5-15 和表 5-5 的网络预测位移值、实际监测位移值和正演模型计算位移的比较可以看出，它们之间的最大绝对误差小于 0.15×10^{-4} m，最大相对误差小于 10%，人工智能岩体力学参数反演模型预测的位移值、实际监测位移值和正演模型计算位移值非常接近真实值 0。

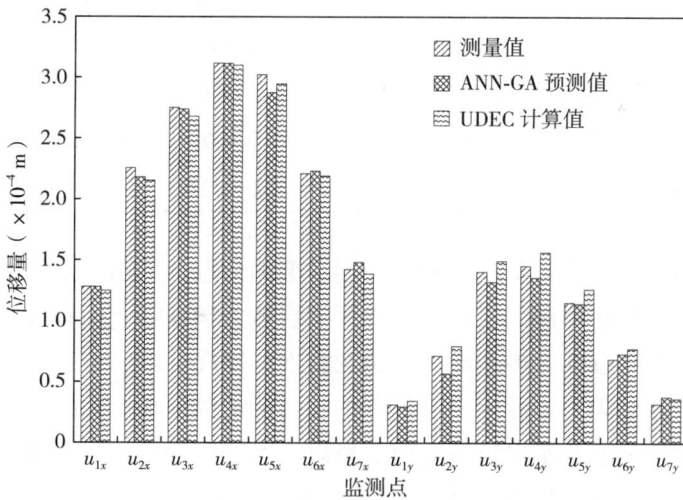

图 5-15　测量值、ANN-GA 预测值和 UDEC 计算值之间的比较

表 5-5　测量值、ANN-GA 预测值和 UDEC 计算值的比较

序号	位移量（$\times10^{-4}$ m）			绝对误差（$\times10^{-4}$ m）		相对误差	
	监测值	ANN-GA	UDEC	监测值和 ANN-GA	监测值和 UDEC	监测值和 ANN-GA	监测值和 UDEC
u_{1x}	1.281	1.282	1.249	0.001	0.032	0.078%	2.498%
u_{2x}	2.257	2.1811	2.154	0.0759	0.103	3.3628%	4.5635%

续表

序号	位移量（×10⁻⁴ m）			绝对误差（×10⁻⁴ m）		相对误差	
	监测值	ANN-GA	UDEC	监测值和 ANN-GA	监测值和 UDEC	监测值和 ANN-GA	监测值和 UDEC
u_{3x}	2.751	2.7386	2.68	0.0124	0.071	0.4507%	2.5808%
u_{4x}	3.115	3.1143	3.1	0.0007	0.015	0.0224%	0.4815%
u_{5x}	3.022	2.8754	2.948	0.1466	0.074	4.851%	2.4487%
u_{6x}	2.211	2.2328	2.193	0.0218	0.018	0.985%	0.8141%
u_{7x}	1.425	1.4823	1.389	0.0573	0.036	4.021%	2.5263%
u_{1y}	0.3128	0.2967	0.344	0.0161	0.0312	5.147%	9.9744%
u_{2y}	0.7127	0.5684	0.7927	0.1443	0.08	20.2469%	11.2249%
u_{3y}	1.405	1.3213	1.493	0.0837	0.088	5.9572%	6.2633%
u_{4y}	1.454	1.3565	1.565	0.0975	0.111	6.7056%	7.6341%
u_{5y}	1.152	1.1429	1.262	0.0091	0.11	0.7899%	9.5486%
u_{6y}	0.6857	0.7298	0.7735	0.0441	0.0878	6.4313%	12.8044%
u_{7y}	0.3213	0.3781	0.3645	0.0568	0.0432	17.6781%	13.4453%

比较的结果表明：基于场地监测到的准确信息，采用人工智能多参数识别模型能有效地获得深部岩体的等效真实岩体力学参数，这有效地证明了建立的反演分析模型在岩体力学参数识别方面的准确性。

综合上述结果不难看出，遗传算法的目标函数值和识别的地质力学参数都如期望的一样，非常接近理论值。所以，本研究提出的人工神经网络和遗传算法混合位移智能反演模型不仅能准确地识别最大、最小水平原场应力、节理裂隙参数，而且能很好地预测井壁的监测点位移值。

5.5 本章小结

本章首先利用 UDEC 建立了热-流-力多场耦合的井壁稳定性力学模型，模拟分析了岩体力学参数下的井壁变形情况。然后，采用该模型生成人工神经网络训练和测试样本。最后，基于实际工程监测的井筒位移量，运用遗传算法对岩体力学参数进行优化确定。研究的结果表明：

①在钻井过程中，钻井液渗漏到井壁周围岩体中会导致岩体内摩擦角减小，当钻井液液体压力大小与岩体地层最小压应力不相当时，容易导致井壁周围围岩变形失稳。但是，当钻井液液体压力接近岩体地层最小压应力时，井壁周围围岩变形相应比较小。对于深部裂隙岩体，欠平衡钻井更有利于减少钻井液对井底的压持作用，从而减少钻井液流入井壁周围围岩中，进而保持了井底的压力，增加了岩屑的上返，提高了钻井速度。井壁周围围岩的变形随钻井液液体压力的增加而减小，当钻井液液体压力与地层最小水平压应力大小相当时，基本实现了井内流体与地层压力的平衡，从井壁周围围岩变形的角度来说，最有利于井壁的稳定。

②利用离散单元法程序执行多裂隙地层的模拟分析，能方便地产生不同类型的天然裂隙，如节理、不规则缝隙等，有效地模拟流体如泥浆在天然裂隙中的流动规律等特点。岩体力学参数如原场主应力的大小和方向对井壁的稳定性影响较裂隙宽度等力学参数更加明显。

③在 24 次迭代后，检验样本的误差从 0.18×10^{-8} 到 0.182×10^{-8} 开始增加，网络训练结束。检验、测试和训练样本的均值误差都随迭代次数的增加而向小的值进行变化，其中最终的训练误差为 0.0012×10^{-8}，结果说明训练达到了要求。训练、检验、测试和所有样本的所有的关系系数（R-值）都大于 0.90，线性回归和拟合结果的最好个体趋近于 0，同时人工神经网络模型所预测的结果都基本对称均匀地分布在拟合曲线的两边，这些结果说明建立的人工神经网络的表现是优秀的，能够有效地映射岩体力学和岩体力学行为的线性和非线性关系，并为遗传算法建立有效的适应度函数关系。

④另外，通过对网络预测值、实际值和 UDEC 计算值进行比较，来判断建立混合 ANN-GA 模型是否能有效地确定水平原场应力和天然节理裂隙参数。从上述均方误差、R-值、交会图、网络预测值、实际值和 UDEC 计算值的结果，可以说明钻井时监测到的井筒位移能准确地确定岩体力学参数。

从上面的分析结果可以发现，建议的混合 ANN-GA 人工智能岩体力学参数特征化模型不仅能快速地收敛，而且利用井筒的位移，能准确地识别最大、最小水平原场应力和天然裂隙参数。

第6章 基于井底压力的岩体力学参数特征化研究

6.1 引言

在地下工程中，原场应力和弹性参数是执行各种岩体工程设计和施工的必要和重要参数，如水力压裂操作、钻井操作、油气增产、井壁稳定性分析和地质力学油藏耦合数值模拟分析等。目前，水压致裂法（如小型测试压裂和漏失试验法）被认为是确定最小原场主应力的最有效方法[149-151]。

在假设岩石的力学行为线弹性，已知的弹性模量和泊松比的条件下，最大原场主应力能通过结合最小原场主应力、岩石破裂压力确定。基于 Hubbert 和 Willis 压裂准则[156]，以及 Haimson 和 Fairhust 压裂准则[152]，采用逆解法对水平原场主应力进行确定，所需的假设条件为[153-154]：

①最小水平原场主应力 σ_h 等于关闭压力；

②最大水平原场主应力 σ_H 与突破压力是线弹性关系；

③地层的弹性参数已知。

在水压致裂测试中，漏失压力、裂隙传播压力及关闭压力，它们的最小值最接近最小水平原场主应力，以至于关闭压力被用来确定最小水平原场主应力，如图 6-1 所示。对最大水平原场主应力的确定，由于缺乏高质量的岩心样本，弹性参数往往是未知或者确定的值不准确，以至于最大水平原场主应力的计算结果与实际结果偏差比较大。

为了克服这些困难，本章提出了一个新的方法，该方法能同时确定原场水平主应力和其他岩体力学参数，这样弹性参数就不必提前知道。这个方法称为压力反分析法，它是利用水力压裂测试过程中记录到的多个时间点的压力值对原场主应力和其他岩体力学参数进行确定的方法。一些研究人员也已经证明了水压致裂过程中的压力值能用来测量水平原场主应力和其他岩体力

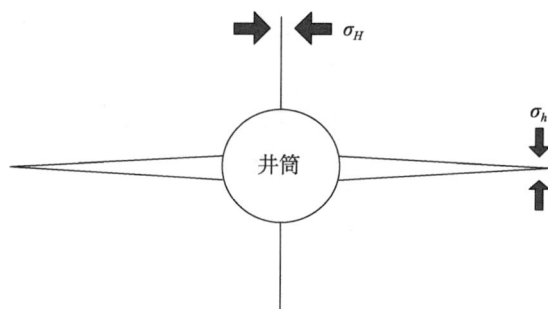

图 6-1　水力压裂作用下裂隙开裂的一般规律

学参数[155-156]。由于井底压力也很容易被安装在井底的压力记录仪记录下来，所以采用该建议的方法来执行多个参数识别，即能一次识别原场水平主应力和其他岩体力学参数。基于一个混合的人工神经网络和遗传算法技术，逆分析的执行遵循一个间接反分析策略对多个参数进行一次确定也已经得到了应用[157-158]。

　　本研究采用一种混合人工神经网络模型和遗传算法的人工智能压力反演方法，去定量识别裂隙岩体层的最大和最小原场应力、节理法向刚度和间距。该法采用 UDEC 模拟分析水力压裂过程，为人工神经网络模型产生必要的学习样本和验证人工智能反演的岩体力学参数是否准确。人工神经网络模型用来代替离散元计算模型建立起优化算法的适应度函数关系。遗传算法作为优化搜索工具，基于适应度函数关系，用来定量识别深部工程岩体的岩体力学参数。

6.2　水力压裂数值模拟

　　深部非常规油气的开采不同于一般的油气田开采。深部资源的高效开发和利用主要通过对深部储层岩体进行水压致裂造缝和开展水平生产井的方法来提高资源的采收率。其中，水压致裂过程涉及质量传输、应力变化、裂隙起裂、裂隙延伸、流体流动和热传输等之间的耦合。深部非常规油气储层通常天然节理裂隙比较发育，为了说明岩石变形、流体流动和裂隙的开裂延伸，需要对岩石类型、接触面、传导性、缝性起裂和天然裂隙特征进行描述。针对深部工程岩体水压致裂地应力测量过程，测试方法和设备是在传统的水压致裂测试方法的基础上进行改进完成的，改造后所建立的单回路水压致裂法深部地应力测试系统，如图 6-2 所示[1]。本研究以深部裂隙地层为背景，采用 UDEC 来模拟分析杨氏模量、井底压力、天然裂隙特征、流量、裂隙开裂和流体流动对非常规油气裂隙储层压裂破坏的影响。

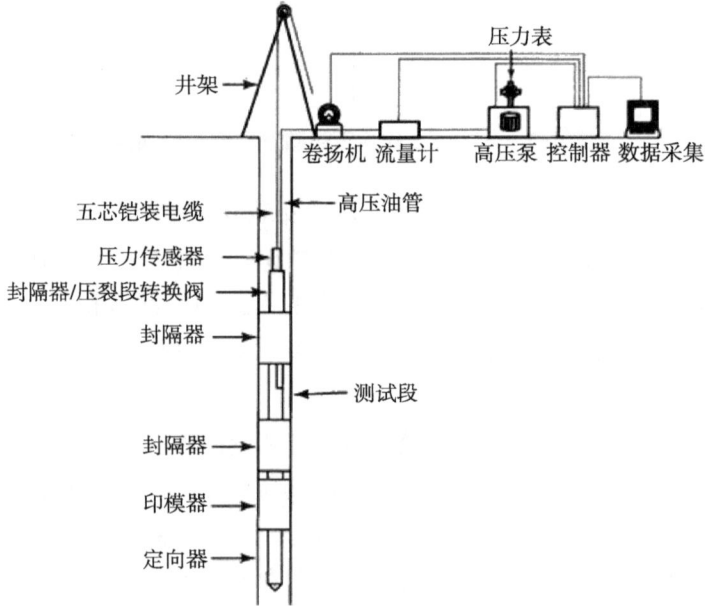

图 6-2　单回路水压致裂法深部地应力测试系统

6.2.1　水力压裂原理

6.2.1.1　平衡方程

水力压裂过程是一个岩体结构场、应力场、渗流场、热力场等多场耦合的过程。现假定流体和固体颗粒都是不可压缩的，基于有效应力原理，单相流注入裂隙岩层的平衡方程为：

$$\nabla(\boldsymbol{D}^{ep}\boldsymbol{\varepsilon} - \alpha\boldsymbol{m}p - \beta\boldsymbol{m}KT) = 0, \qquad (6\text{-}1)$$

式中，$\boldsymbol{\varepsilon}$ 是应变矩阵，α 是 Biot 系数，$\boldsymbol{m}$ 是单元向量，p 是孔隙水压力，K 是体积模量，β 是岩石的膨胀系数，T 是温度，$\boldsymbol{D}^{ep}$ 是弹塑性应力应变矩阵，其表达式如下所示：

$$\boldsymbol{D}^{\mathrm{ep}} = \boldsymbol{D}^{\mathrm{e}} - \frac{\boldsymbol{D}^{\mathrm{e}} \dfrac{\partial Q}{\partial \sigma'} \left(\dfrac{\partial F}{\partial \sigma'} \right)^{\mathrm{T}} \boldsymbol{D}^{\mathrm{e}}}{-\dfrac{\partial F}{\partial \kappa} \left(\dfrac{\partial F}{\partial \varepsilon^{p}} \right)^{\mathrm{T}} \dfrac{\partial Q}{\partial \sigma'} + \left(\dfrac{\partial F}{\partial \sigma'} \right)^{\mathrm{T}} \boldsymbol{D}^{\mathrm{e}} \dfrac{\partial Q}{\partial \sigma'}}, \tag{6-2a}$$

$$\boldsymbol{D}^{\mathrm{e}} = \frac{E}{(1+v)(1-2v)} \begin{bmatrix} 1-v & v & 0 \\ v & 1-v & 0 \\ 0 & 0 & \dfrac{1-2v}{2} \end{bmatrix}, \tag{6-2b}$$

$$E = \frac{9KG}{3K+G}, \tag{6-2c}$$

$$v = \frac{3K-2G}{2(3K+G)}, \tag{6-2d}$$

式中，$\boldsymbol{D}^{\mathrm{e}}$ 是弹性应力应变关系，E 是弹性模量，ν 是泊松比，G 是剪切模量，σ' 是有效应力，ε^{p} 是塑性应变，κ 是硬化参数，F 和 Q 分别是屈服函数和塑性势函数。

6.2.1.2　连续性方程

在水压致裂过程中，压裂液向深部非常规油气层注入的单相流体流动过程主要是流体在裂隙中流动时产生的压力，进而形成裂隙及裂隙的延展，裂隙岩体介质的一般连续性方程为：

$$\nabla^{\mathrm{T}} \left(\frac{k}{\mu} \nabla p_l \right) + \frac{\chi k}{\mu} (p - p_l) - \frac{\partial p}{\partial t} \left(\frac{e}{K_l} \right) + e\beta_l \frac{\partial T}{\partial t} + Q_f = 0, \tag{6-3}$$

式中，k 是裂隙区域的渗透率，μ 是流体的黏聚性，e 是裂隙区域的孔隙度，p 是总压力，K_l 是裂隙区域的体积模量，T 是温度，p_l 是裂隙区域的孔隙压力，χ 是裂纹几何形状和宽度相关的因素，Q_f 是流体源，∇^{T} 是梯度算子的转置。

根据流体在裂隙中流动的立方定律，基于有效应力原理，长度为 l 的单裂隙流量的计算表达式为：

$$\begin{cases} q = -\dfrac{a^3}{12\mu} \dfrac{\mathrm{d}p}{l}, \\ a = a_0 + u_n, \\ \mathrm{d}u_n = \dfrac{\mathrm{d}\sigma'_n}{S_n}, \end{cases} \tag{6-4}$$

式中，a_0 是初始裂隙宽度，q 是流量，a 是裂隙宽度，μ 是动态黏滞度，l 是单裂隙的长度，$\mathrm{d}p$ 是孔隙压力差，u_n 是法向裂隙位移，σ'_n 是裂隙法向应力，S_n 是裂隙法向刚度。

水压致裂所产生的裂隙宽度主要取决于注入流体的流速、压力等参数。裂隙开裂宽度主要由岩石的变形和裂隙的位移两部分组成，其表达式为：

$$W_o = \frac{4\,|\,\sigma_y + p\,|\,(1 - v^2)}{E}\sqrt{a^2 - x^2}, \tag{6-5}$$

式中，σ_y 是 Y 方向的主应力。

6.2.1.3　裂隙开裂模型

在裂隙处，应力与位移的关系被假设为线性，由法向刚度和剪切刚度控制，裂隙的法向刚度和剪切刚度的计算关系式如下所示：

$$\begin{cases} k_n = \dfrac{\mathrm{d}\sigma'_n}{\mathrm{d}u_n}, \\[2mm] k_s = \dfrac{\mathrm{d}\sigma'_s}{\mathrm{d}u_s}, \end{cases} \tag{6-6}$$

式中，σ'_n 和 σ'_s 分别为有效正应力和有效剪应力，u_n 和 u_s 分别为垂直方向位移和剪切方向位移。

6.2.1.4　热传导方程

基于热弹性理论，裂隙岩体层温度变化将引起岩体附加应力的变化，温度扩散方程表达式如下所示：

$$\begin{cases} H_i = -\,\boldsymbol{k}_{ij}\dfrac{\partial T}{\partial x_j}, \\[2mm] \dfrac{\partial T}{\partial t} = \dfrac{H_{net}}{C_p M}, \end{cases} \tag{6-7}$$

式中，H_i 是在 i 方向上的热源，$\boldsymbol{k}_{ij}$ 是热传输向量，T 是温度，H_{net} 是裂隙的热源，C_p 是比热，M 是热量。

6.2.1.5　变形控制方程

基于多场耦合理论，假定裂隙和岩石的变形能够叠加，其裂隙区域的变形控制方程能写成：

$$(\lambda + G)\frac{\partial^2 \boldsymbol{u}_j}{\partial \boldsymbol{u}_i \partial \boldsymbol{u}_j} + G\frac{\partial^2 \boldsymbol{u}_i}{\partial \boldsymbol{u}_j \partial \boldsymbol{u}_j} + \alpha\frac{\partial p}{\partial x_i} - (3\lambda + 2G)\beta K\frac{\partial T}{\partial x_i} + F_i = 0, \quad (6\text{-}8)$$

式中，λ 是拉梅常量，$\boldsymbol{u}$ 是裂隙和岩石的位移向量，F_i 是作用外力，其他参数同上。

6.2.1.6　破坏准则

本研究采用 Mohr-Coulomb 破坏准则来判断岩石破坏区域情况，进而分析深部工程岩体的破坏问题，其函数关系式如下所示：

$$\tau = c + \sigma\tan\varphi, \quad (6\text{-}9)$$

式中，τ 是剪应力，σ 是法向应力，φ 是内摩擦角，c 是黏聚力。

6.2.2　水力压裂边界条件和初始条件

6.2.2.1　水力压裂边界条件

本研究采用 UDEC 建立水力压裂数值计算模型。设深部储层的水压致裂模型是一个二维的平面应变模型，其中钻井的井孔位于该模型的中间，垂直于该二维平面几何模型，如图 6-3 所示。在水力压裂几何模型和水平

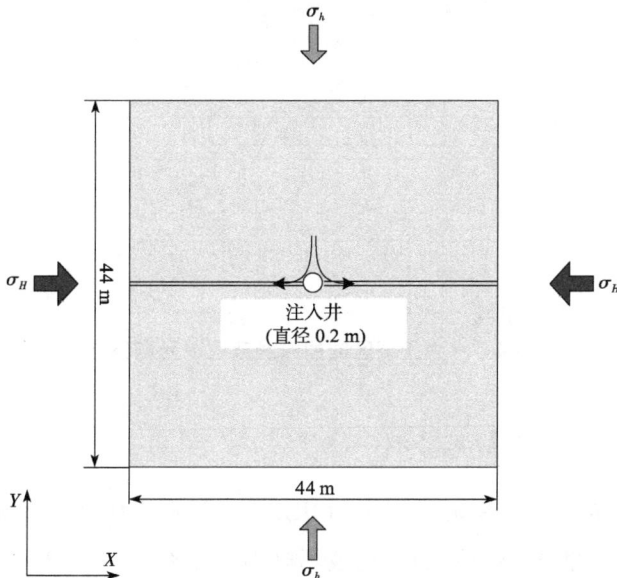

图 6-3　水力压裂几何模型和水平主应力分布

主应力的分布（图6-3）中，正方形几何模型的边长为44 m，井孔的直径为0.2 m，作用于四边的最大和最小水平原场主应力（σ_H，σ_h）对称分布，水力压裂产生的裂隙将沿最大水平原场主应力方向传播。压裂液从模型的中心井注入，其注入速率和压力都是变化的，初始孔隙水压力由上覆岩体的静水压力确定，考虑到模型的四边如果为位移固定边界时，模拟获得的关闭井底压力将大于真实的压力值，水压致裂模型的外边界设为自由边界，即在任何方向上都能自由移动，但是水力压裂过程中没有流体和热交换。

本模型的研究对象是深部非常规油气储层，为了更准确地模拟水压致裂、裂隙开裂、延展等过程，本研究采用显性欧拉法用来执行时间的迭代，同时将水力压裂区域划分为四级离散单元网格，具体划分情况如图6-4所示。

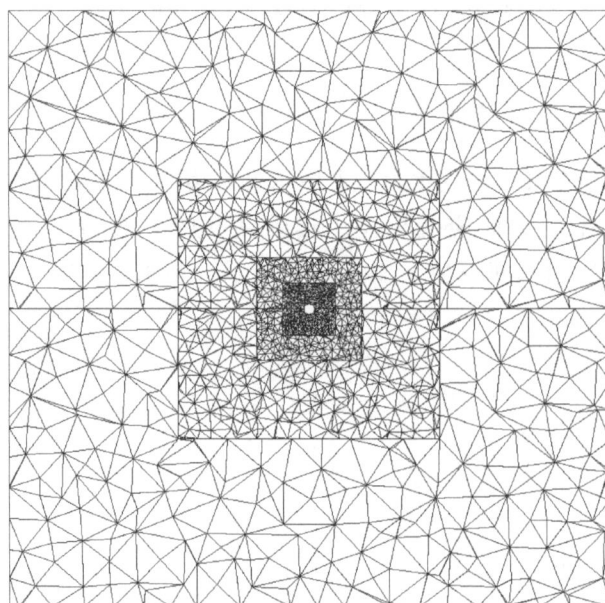

图6-4　水力压裂区域的四级离散单元网络划分

6.2.2.2　水力压裂初始条件

本节小研究对深部资源储层采用UDEC进行水力压裂过程模拟分析，以便更好地分析工程岩体裂隙的压裂破坏机制。在模拟一系列水压致裂的过程中，输入的固定参数主要通过室内试验获得，数值计算模型输入参数如

表 6-1 所示。

表 6-1　模型输入参数

参数	数值大小
岩体密度/(kg/m^3)	2400
粘结力/MPa	0.05
内摩擦角/°	26
初始孔隙水压力/MPa	17.9
抗拉强度/MPa	10
剪切模量/(Pa/m)	$5.0×10^{11}$
渗透系数/[1/(Pa·s)]	84
初始裂隙宽度/m	$1.0×10^{-5}$
最大开裂宽度/m	$6.0×10^{-3}$
体积模量/GPa	2.5

6.2.3　模拟结果与分析

6.2.3.1　注入速率的影响

为了揭示水力压裂产生裂隙的开裂、发展、贯通和范围等情况，需要对不同注入速率产生的裂隙宽度、模式和发展过程进行模拟分析，以便确定最优注入速率来执行水力压裂法岩层造缝。执行水压致裂的岩层深度为地下 2000 m 处。现设定压裂液的注入速率范围是 0.0005~0.0015 m^2/s，模拟的注入时间设定为 10 s。弹性模量 E=40×10^3 MPa，泊松比 v=0.25，初始原场最大水平主应力 σ_H=49.96 MPa，最小水平主应力 σ_h=32.54 MPa。

连续注入压裂液 10 s 后，以注入井为中心沿 X 方向上，不同注入速率下的水力压裂裂隙宽度、裂隙延展情况，如图 6-5 所示。从图 6-5 可以看出，随着压裂液体的注入速率增加，裂隙从注入井向四周发展的范围始终保持明显扩大，当注入速率超过 0.000 75 m^2/s 时，裂隙的宽度随之增加，但是裂隙的宽度随着注入速率的增加而减小，这说明压裂液向远距离流去。如果继续增加注入速率，超过 0.001 25 m^2/s 时，裂隙的规律将发生变化，单从裂隙的最大宽度点已经不能说明裂隙起裂的具体位置是否位于注入井的中心位置。但是根据裂隙扩展距注入井中心的距离基本对称，可以从该模拟的结果基本判断裂隙的起裂位置仍然是从注入井开始的，只是由于注入速率过大造成应力集中的位置会呈现向某一弱面移动，从而造成裂隙宽度增大。

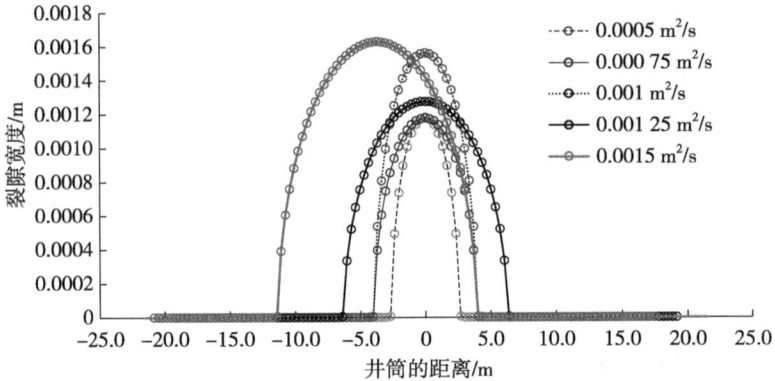

图 6-5　注入 10 s 后在不同注入速率下的裂隙宽度和延展情况

模拟结果说明，在执行深部工程岩层水力致裂造隙过程中，压裂液的注入速率以 0.0005~0.001 25 m²/s 最为合适。因此，在本章水力压裂数值模拟试验中，采用的压裂液注入速率为 0.001 m²/s，以保证水力压裂产生的裂隙在期望范围内。

6.2.3.2　弹性模量的影响

基于上述压裂液注入速率的研究结果，采用的压裂液注入速率为 0.001 m²/s。现在，改变水力压裂裂隙岩层的弹性模量，同时保持别的输入参数不变，来分析压裂裂隙的宽度和延伸变化情况。假定泊松比 $v=0.25$，最大水平原场主应力 $\sigma_H=47.92$ MPa，最小水平原场主应力 $\sigma_h=25.46$ MPa，其他参数同上。首先，确定弹性模量的变化范围为 30×10^3 MPa~40×10^3 MPa，然后比较水力压裂所产生的裂隙宽度的变化情况。

图 6-6 是连续注入压裂液 10 s 后，在非常规油气储层中采用不同的弹性模量情况下，水力压裂裂隙宽度和裂隙扩展方向的变化情况。从图 6-6 能看出，水力压裂所产生的裂隙宽度随弹性模量的增加而减小，但是扩展延伸的长度随弹性模量增加而增加，岩体弹性模量的大小对水力压裂产生的裂

隙宽度和延展都有明显的影响。

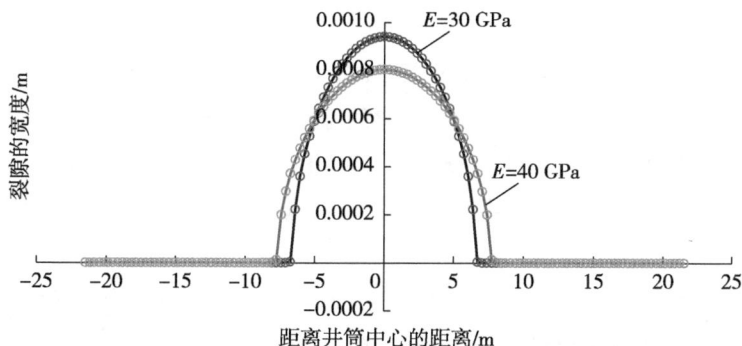

图 6-6 注入 10 s 后在不同岩层弹性模量下的裂隙宽度和延展情况

6.2.3.3 泊松比的影响

基于水压致裂注入速率的研究结果，采用的压裂液注入速率为 $0.001 \text{ m}^2/\text{s}$。现在，改变水力压裂裂隙岩层的泊松比，来分析压裂裂隙的宽度和延伸变化情况。假定泊松比的变化范围为 $0.18 \sim 0.30$，而 $E = 30 \times 10^3 \text{ MPa}$，$\sigma_H = 47.92 \text{ MPa}$，$\sigma_h = 25.46 \text{ MPa}$，其他参数同上。然后比较水压致裂所产生的裂隙宽度变化情况。

图 6-7 是连续注入压裂液 10 s 后，沿压裂裂隙扩展方向裂隙宽度和延展随泊松比变化的情况。从图 6-7 能看出，压裂裂隙的宽度随泊松比的增加而增大，但是扩展长度反而随泊松比的增加而减小，且开裂位置也发生了变化。

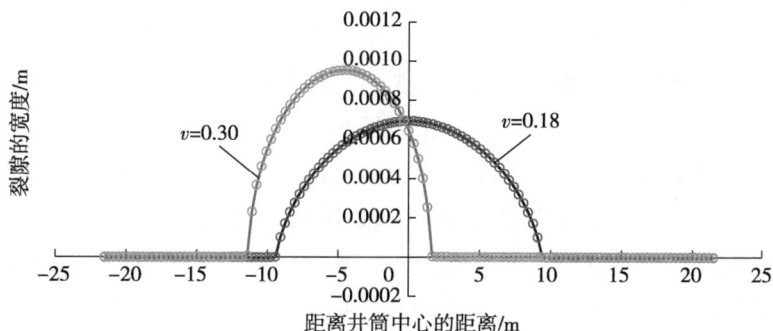

图 6-7 连续注入压裂液 10 s 后在不同岩层泊松比下的裂隙宽度和延展情况

6.2.3.4 最小主应力的影响

压裂液注入速率仍然采用 0.001 m^2/s。现在，改变水力压裂裂隙岩层的最小主应力大小，来分析压裂裂隙的宽度和延伸变化情况。假定最小主应力的变化范围为：32.54 MPa~34.17 MPa；而 $E = 40 \times 10^3$ MPa，$v = 0.25$，$\sigma_H = 49.96$ MPa，其他参数同上，然后对水压致裂所产生的裂隙宽度的变化情况进行比较。

图 6-8 是连续注入压裂液 10 s 后，水力压裂产生的裂隙宽度和延展随最小主应力变化而变化的情况。从图 6-8 可以看出，压裂裂隙的宽度随最小主应力的增加而减小，但是扩展长度反而随最小主应力的增加而变长。

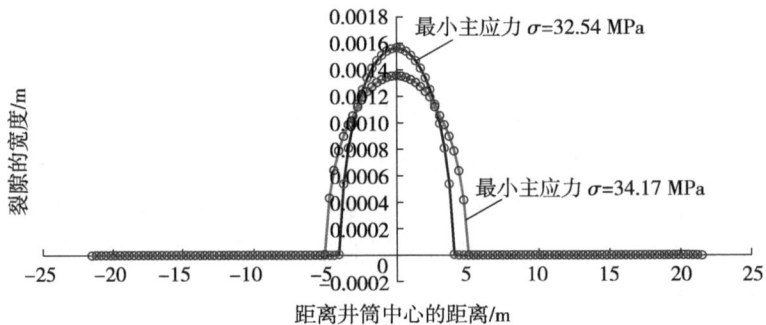

图 6-8 连续注入压裂液 10 s 后在不同最小主应力下的裂隙宽度和延展情况

6.2.3.5 结果的分析讨论

本研究采用离散单元法对深部非常规油气储层的水压致裂产生裂隙的过程进行了模拟分析——分析了杨氏模量、泊松比、最小主应力和压裂液注入速率对压裂裂隙起裂和延伸规律的影响，从而揭示压裂裂隙的起裂和延伸机制。结果表明：杨氏模量、泊松比、最小主应力和注入速率对水力压裂裂隙宽度和裂隙延伸有明显的影响。水力压裂所产生的裂隙，其发展方向是从注入井开始沿着最小主应力方向延伸，其中注入井附近的裂隙宽度明显较大，并沿着压裂裂隙的发展方向逐渐减小。其原因是注入流体的流动规律随着压力的增加开始向远方向慢慢流动扩散，其中注入井附近的流量最大，其压力也最大，所以裂隙的宽度也最大。

6.3　基于井底压力的岩体力学参数特征化研究

6.3.1　水力压裂试验分析

在深部地下工程岩层中，裂隙的产生过程是一个裂隙传播、岩体变形、流体流动，甚至热传导的耦合过程。大量的解析解、有限单元法、边界元法、离散单元法及其他数值方法已成功被用来分析水力压裂过程。本节采用一个简单而方便的通用离散单元法程序对耦合的水力压裂（hydraulic fracturing，HF）过程进行模拟分析，并对在弹性地层系统下的原岩变形和压裂传导进行解释。深部工程裂隙岩体的变形由原岩的变形和裂隙的位移组成。

水压致裂原场测试，如漏失试验、扩展漏失试验，是用来直接评价原场应力大小的一种常用方法。由于采集漏失试验数据的误差和操作程序本身的局限性，采用漏失试验获得的原场应力参数往往是有问题的或者不够准确的。通常情况下，与漏失试验相比，扩展漏失试验能够提高原场应力评价的准确性。在扩展漏失试验中，第二压裂循环的关闭压力（ISIP）较第一循环的关闭压力能更好地确定最小原场主应力。但是，由于关闭压力始终大于最小原场主应力，所以获得的最小原场应力还是不够准确的。另外，当采用传统的计算方法，进行最大原场主应力计算时，由于需要一定量参数的假设和利用最小原场主应力值，致使采用扩展漏失试验也不能有效解决最大原场主应力的确定准确性问题。

在深部裂隙岩层中，岩体力学参数，如节理裂隙的缝宽、间距、刚度，岩体的弹性模量、泊松比等，是影响流体在裂隙中的流动和岩石的变形的主要因素。由于地下岩层的裂隙产生过程涉及岩石变形、流体流动、裂隙延伸，所以在进行扩展渗漏试验产生裂隙时，有关上述岩体力学参数都将影响井底压力。因此，除了采用扩展渗漏试验获得原场应力，确定上述一些关键岩体力学参数也是可行的。实际上，岩石的弹性参数、节理的剪切模量能通过室内或室外试验获得，节理的宽度和走向可以通过测量岩体裂隙中的颗粒直径、地球物理录井等方法获得。

本研究采用监测的扩展漏失试验井底压力值来识别岩体力学参数。扩展漏失测试和水力压裂测试尽管起源思想不同，但是在进行原场应力确定时，应用了同一个分析原理。扩展漏失测试是两个或两个以上压裂循环试验的漏失测试。理想的 2 个压裂循环漏失测试压力与体积或时间之间的关系曲线如图 6-9（a）所示。在不同深部工程岩体中进行的多循环水力压裂试验，所得的井底压力与测试时间之间的关系曲线如图 6-9（b）所示。

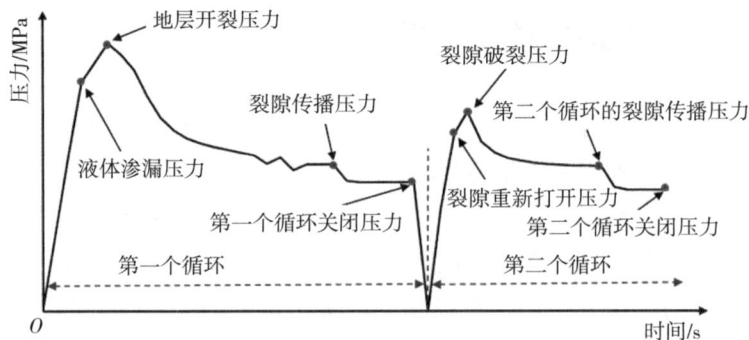

（a）理想的 2 个压裂漏失测试压力与体积或时间之间的关系曲线

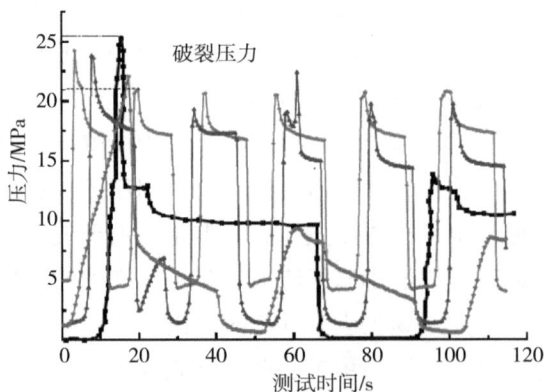

（b）多循环情况下井底压力与测试时间之间的关系曲线

图 6-9　水力压裂过程中压力与时间变化曲线

在深部岩层中执行一个水压致裂测试时，一旦注入的流体压力超过岩体开裂压力（leak off pressure，LOP），注入的流体就开始沿裂隙向岩体中渗流。如果保持以一定的压力继续注入流体，当流体压力达到岩石破裂压力（fracture propagation pressure，FBP）时，新的裂隙就会产生。随后保持注入流体，新产生的裂隙将不断地扩展形成裂隙网，此时井底压力将会下降到某一范围内，并有一定的波动，该波动压力称之为裂隙的扩展压力（fracture propagation pressure，FPP）。最后，停止注入流体时，井底的平衡压力称为关闭压力（instantaneous shut-In pressure，ISIP），它通常被用来确定最小主应力和裂隙的特征。为了检验水力压裂循环稳定性是否良好，即漏浆等是否发生，第二个或更多的压裂循环常常也被执行。在第二个水力压裂循环中，裂隙的重新打开压力（fracture reopening pressure，FRP）通常低于LOP，而且研究已经表明它的大小与原场最大主应力和裂隙特征有关。其他与第一个水力压裂循环相对应的一系列压力参数如图6-9（a）所示。

6.3.2　几何模型和输入参数

本小节执行的是一个压裂液注入储层的水力压裂数值模拟试验。首先建立扩展漏失试验数值计算模型，模拟流体注入深部天然裂隙页岩气储层的水力压裂过程。在该模型中，提前假定一个通过注入井中心的弱面或节理来模拟水力压裂产生的裂隙，其方向沿最大主应力方向，如图6-10所示。这个假设合理的原因在于：

①压裂液体首先流过天然裂隙；

②水力裂隙沿着最弱岩石产生；

③水力裂隙传播沿着接近垂直于最小主应力的方向传播。

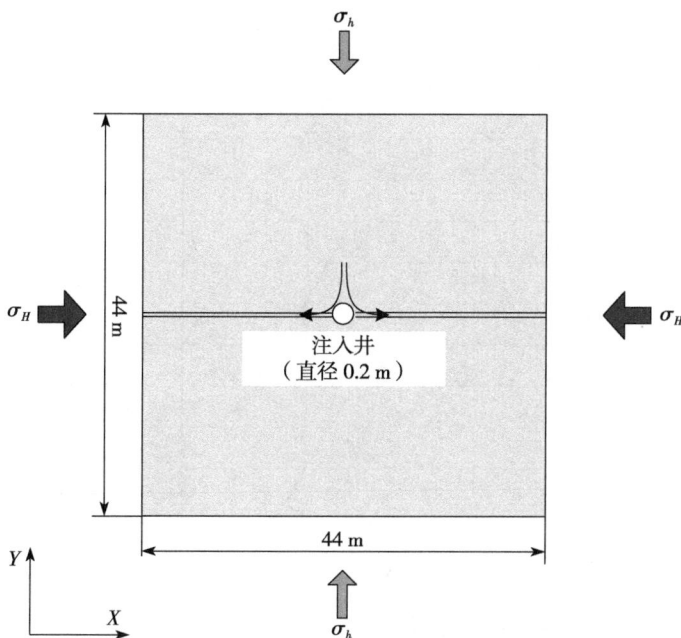

图 6-10　水力压裂几何模型及主应力

就水力压裂产生的裂隙起裂和延伸的原则，当最大和最小主应力之间的差值很小，天然裂隙与即将产生的裂隙夹角也很小时，水力压裂所产生的裂隙沿着天然裂隙延伸；反过来，当最大和最小主应力之间的差值较大，天然裂隙和即将产生的裂隙夹角也较大时，水力压裂所产生的裂隙将直接穿过天然裂隙而延伸。另外，当天然裂隙比较长时，水力压裂产生的裂隙沿天然裂隙延伸；当天然裂隙足够小时，天然裂隙对水力压裂产生的裂隙的影响常常可以忽略。

本研究采用的水力压裂数值模型是一个二维平面应变模型，在模型中间有一个垂直的井孔（图6-10）。水力压裂几何模型的大小为44 m×44 m，井孔的直径为0.2 m，作用于四边的最大和最小水平原场主应力（σ_H，σ_h）对称分布，水力压裂产生的裂隙将沿最大水平原场主应力方向传播。垂直原场地应力 σ_v，假设垂直于二维平面应变模型，储层深度大约在2000 m深处，其大小采用上覆岩层的厚度与平均密度的计算结果，其大小为 σ_v =41.4 MPa。

根据工程实际，设定水力压裂二维数值模型的天然裂隙由 UDEC 节理产生器产生，天然节理及节理裂隙分布模式参数如图6-11所示。另外，初始孔隙水压力由上覆岩体的静水压力确定。基于大量水力压裂数值模拟试验

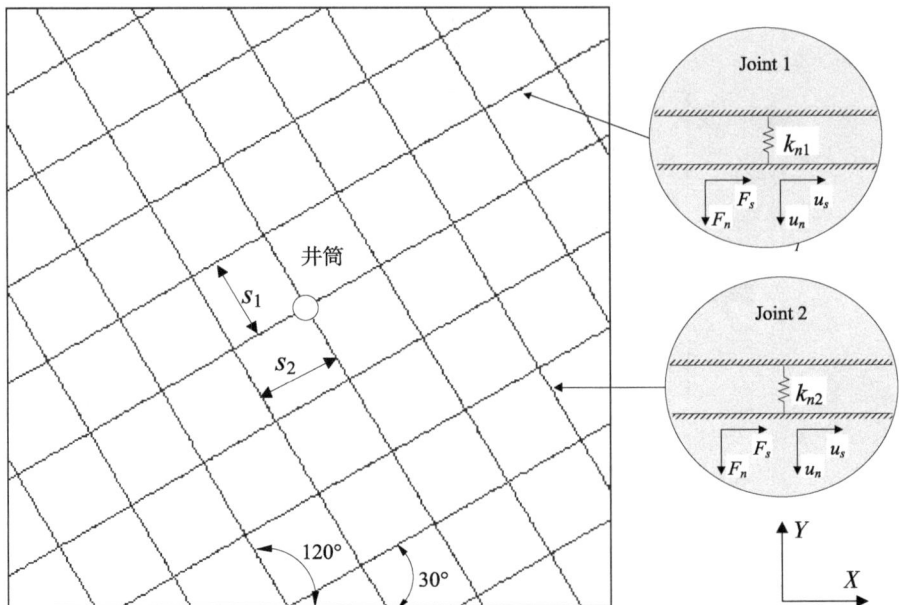

图6-11　地层的天然节理及节理裂隙分布模式参数

研究表明，当考虑水力压裂数值计算模型四边是位移固定边界时，模拟获得的关闭井底压力将大于真实的压力值，而水压致裂模型的外边界设为自由边界，即在任何方向上都能自由移动时，模拟获得的关闭井底压力将与真实的压力值更接近，所以采用模型四边为自由移动边界条件。在模拟一系列水压致裂过程中，常规的输入参数主要通过室内试验获得，数值计算模型的输入参数如表 6-2 和表 6-3 所示。

表 6-2　岩体输入参数

变量名称	数值大小
岩体密度/(kg/m³)	2500
杨氏模量/GPa	24.8
泊松比	0.24
初始孔隙水压力/MPa	10
抗拉强度/MPa	10

表 6-3　节理裂隙和压裂液输入参数

变量名称	数值大小
裂隙分布角度 1/°	30
裂隙分布角度 2/°	120
剪切刚度 1/(MPa/m)	4.0×10^4
剪切刚度 2/(MPa/m)	6.0×10^4
摩擦角度 1/°	32
摩擦角度 2/°	36
初始裂隙宽度 1/m	2.0×10^{-5}
初始裂隙宽度 2/m	1.0×10^{-5}
最大开裂宽度 1/m	6.0×10^{-3}
最大开裂宽度 2/m	6.0×10^{-3}
渗透系数/Pa⁻¹s⁻¹	83.3
流体密度/(kg/m³)	1000
体积模量/GPa	2.0

变量名称	数值大小
黏聚力/MPa	0
抗拉强度/MPa	0

6.3.3　学习样本的产生

本小节采用 UDEC 执行水力压裂数值模拟试验，并生成人工神经网络模型的学习样本。基于水压致裂测试监测井底压力与注入时间或体积的关系曲线图，水压致裂法作为一种较为有效的地应力测量方法，在单循环水力压裂测试中，通常原场地应力计算所采用的监测水压致裂井底压力值为 ISIP 和岩层的为 FBP。基于相同原理，在双（多）循环水力压裂测试中，为了更好地反演岩体力学参数，采用第二个循环的 ISIP，第一个循环的岩层 FBP 和第二个循环的岩层 FRP 作为水力压裂井底压力的监测值，即人工神经网络模型的输出值。把所要识别的岩体力学参数作为人工神经网络模型的输入参数，具体如下所述：

①最大和最小原场地应力：σ_H 和 σ_h；

②节理特征：节理的间距 s_1 和 s_2，垂直刚度 k_{n1} 和 k_{n2}。

因此，构成人工神经网络模型的基本结构如图 6-12 所示。

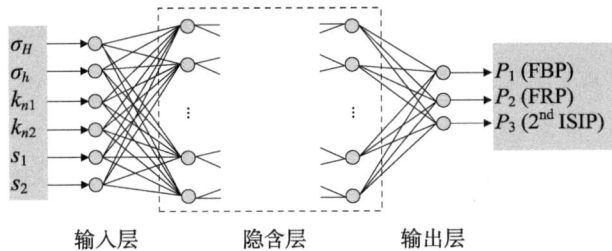

图 6-12　人工神经网络的基本结构

基于水力压裂数值模型模拟并产生人工神经网络模型的学习样本，模型的压裂液以恒定注入速率 0.0007 m²/s 从注入井注入，注入的时间 $t = 60$ min，其他输入参数如表 6-2 和表 6-3 所示。从最终的模拟结果中挑选 40 个样本作为人工神经网络学习样本，其中 30 个样本为训练样本，10 个为测试样本，具体数据如表 6-4 所示。

表 6-4　人工神经网络模型的学习样本

序号	岩体力学参数						监测井底压力/MPa		
	σ_H/ MPa	σ_h/ MPa	k_{n1}/ (×10⁴ MPa/m)	k_{n2}/ (×10⁴ MPa/m)	s_1/m	s_2/m	P_1	P_2	P_3
训练样本									
1	54.78	39.84	8.48	1.64	10	10	68.281	50.708	41.144
2	53.45	38.83	7.15	4.32	5	10	62.931	48.546	39.323
3	53.45	22.16	6.94	2.35	3	8	44.042	34.384	22.562
4	52.25	38.57	9.03	2.59	18	8	62.860	48.171	39.166
5	51.52	28.84	5.01	5.01	6	15	51.418	39.994	29.305
6	49.85	17.24	2.46	8.76	16	16	31.141	28.272	17.662
7	49.23	37.33	8.55	3.61	7	2	60.675	47.150	37.931
8	48.92	35.49	6.18	7.94	8	6	52.923	44.332	35.963
9	48.46	18.24	4.27	1.35	12	7	34.919	27.874	18.625
10	47.06	16.27	5.42	4.24	6	3	25.695	25.865	16.653
11	47.48	36.76	7.98	2.48	2	5	57.893	45.934	37.354
12	46.79	20.21	3.27	8.16	4	4	39.137	30.113	20.606
13	45.95	34.82	3.37	5.96	8	8	59.624	48.004	36.652
14	45.51	18.21	9.21	7.12	8	4	35.824	29.427	18.604
15	44.79	17.08	4.23	6.96	12	7	26.372	27.656	17.469
16	44.42	27.38	7.85	4.01	3	5	48.012	38.210	27.843
17	43.97	19.79	2.26	8.45	7	12	34.032	28.351	20.192
18	42.69	16.87	8.37	3.62	6	3	29.229	26.511	17.257
19	42.01	22.76	3.88	7.94	15	9	42.976	32.715	23.186
20	41.35	28.45	6.62	2.14	4	10	47.426	37.092	28.966
21	40.76	18.38	9.04	6.27	8	4	36.510	29.257	18.774
22	39.41	16.46	5.08	4.19	9	5	30.322	30.888	16.883
23	38.59	26.43	7.46	3.07	3	7	45.988	37.576	26.862
24	37.37	17.54	2.95	9.08	5	3	30.743	26.630	17.939
25	35.51	15.86	6.24	2.68	6	8	27.194	28.509	16.252
26	34.27	23.53	3.48	7.37	4	12	38.866	32.221	24.013
27	33.76	17.92	9.16	4.18	8	4	34.992	29.205	18.312
28	33.08	19.67	4.63	7.69	12	5	39.530	31.903	20.109

序号	岩体力学参数						监测井底压力/MPa		
	σ_H/ MPa	σ_h/ MPa	k_{n1}/ ($\times10^4$ MPa/m)	k_{n2}/ ($\times10^4$ MPa/m)	s_1/m	s_2/m	P_1	P_2	P_3
29	31.31	21.58	7.82	3.27	9	2	39.909	31.295	21.975
30	30.42	18.54	2.41	6.45	5	9	36.422	29.451	18.953
测试样本									
31	54.78	20.01	1.18	9.21	3	12	38.976	32.073	20.417
32	52.93	21.96	3.21	5.89	4	9	39.612	30.945	22.382
33	50.49	36.15	3.34	8.76	14	8	61.127	50.008	37.548
34	47.87	26.94	1.58	6.06	5	12	44.564	36.981	27.584
35	46.13	31.42	8.04	3.51	10	6	49.343	39.648	31.863
36	45.08	21.52	6.49	9.27	9	14	40.240	30.870	21.930
37	43.46	29.85	5.42	5.42	5	8	51.829	39.794	30.301
38	39.94	30.03	4.54	8.12	2	6	49.604	38.711	30.557
39	36.46	20.85	8.17	5.42	10	9	40.436	31.593	21.270
40	32.35	16.29	5.52	8.93	7	15	26.067	25.453	16.688

6.3.4 岩体力学参数的确定

6.3.4.1 人工神经网络模型参数

本小节所采用的人工神经网络模型的结构为 6-6-12-3，最大训练迭代数为 1×10^5，目标误差指标为 1×10^{-5}，学习速率为 0.05，选用 Learngdm( ) 作为训练函数，隐含层使用 Hypertan 函数，输出层使用 Logsigmoid 函数以保证数值范围在 0~1。

为了执行岩体力学参数的反演，水力压裂场地监测的井底压力值为：第一个循环的岩层破裂压力 P_1 = 36.99 MPa，第二个循环的岩层破裂压力 P_2 = 28.8 MPa，第二个循环的关闭压力 P_3 = 19.32 MPa。

基于这些监测到的水力压裂井底压力值，结合人工神经网络模型预测的井底压力值，建立人工智能多参数反演模型的适应度函数关系式如下所示：

$$fitness = \min\left\{\frac{1}{h}\sum_{a=1}^{h}\left(\,|\,P_{ka} - P'_{ka}\,|\,\right)\right\}, \qquad (6-10)$$

式中，P_{ka} 和 P'_{ka} 分别是在第 a 个监测点的 ANN 预测压力值和监测井底压力值，h 代表的是监测的压力数量。

6.3.4.2　遗传算法参数

①最大迭代次数（I_{maxgen}）。遗传算法目前还没有一个确定的优化终止条件，通常采用最大迭代次数来控制，可以根据经验和数据的复杂程度在 100~1000 取整数值，本次优化取最大迭代次数 $I_{maxgen} = 600$。

②种群规模（S_{pop}）。种群规模的大小直接影响个体的多样性和个体目标性能评价的快慢，即太小，多样性不够，太大，收敛速度慢，根据问题的复杂程度一般在 10~100 取整数值，本次研究选择 60 作为种群规模。

③交叉操作概率 P_c。交叉操作是对选中的个体之间通过交叉算子实现优化个体的目的，用来判断所选择个体是否被交叉的概率 $P_c = 0.6$，以保证个体产生的随机性和保持已组成种群的原有的优良模式。

④变异操作概率 P_m。变异操作主要是用来提高局部搜索能力和保持个体的多样性，用来判断所选择个体是否变异的概率 $P_m = 0.1$，以保证 GA 优化搜索时能在局部搜索空间中实现对个体基因编码结构的优化。

6.3.4.3　岩体力学参数范围

最大水平原场应力 σ_H：30.0 MPa~55.0 MPa；最小水平原场应力 σ_h：15.0 MPa~40.0 MPa；节理的垂直刚度——k_{n1}：1.00×10^4 MPa/m~1.00×10^5 MPa/m，k_{n2}：1.00×10^4 MPa/m~1.00×10^5 MPa/m；节理的间距——s_1：1.00~20.00 m，s_2：1.00~20.00 m。

6.3.5　结果与分析

6.3.5.1　人工神经网络模型的结果分析

为了执行多参数识别，首先采用训练样本对人工神经网络模型进行训练。训练后的人工神经网络模型用来映射原场应力、裂隙刚度和间距与扩展漏失试验井底压力之间的非线性关系。接下来，根据输入的岩体力学参数进行相对应的压力预测值，并结合场地监测压力值建立遗传算法目标函数。最后，这些岩体力学参数能被遗传算法定量识别。如前所述，采用均方误差、关系系数 R-值、目标和预测位移的交会图等结果来验证建立的人工神经网络预测模型能否有效地映射原场应力、裂隙刚度和间距参数与井底压力之间的非线性关系。结果如下所述：

图 6-13 是训练、检验、测试样本随迭代次数的均方误差变化。从图 6-13 可以看出，在 14 次迭代后，由于检验样本的误差从 0.26 到 0.28 开始增加，网络训练结束。其中，检验样本和测试样本在网络学习过程中，误差的变化规律一致，都有减小的趋势。结果表明：人工神经网络在训练过程中，没有出现过拟合现象，最终的训练样本的均方误差为 0.000 386，非常接近真实值 0。一旦训练后的人工神经网络模型达到要求，该结构的人工神经网络模型就能用来映射岩体力学参数（水平原场应力、节理刚度和间距）与监测的水力压裂测试过程中的井底压力值之间的线性/非线性函数关系。

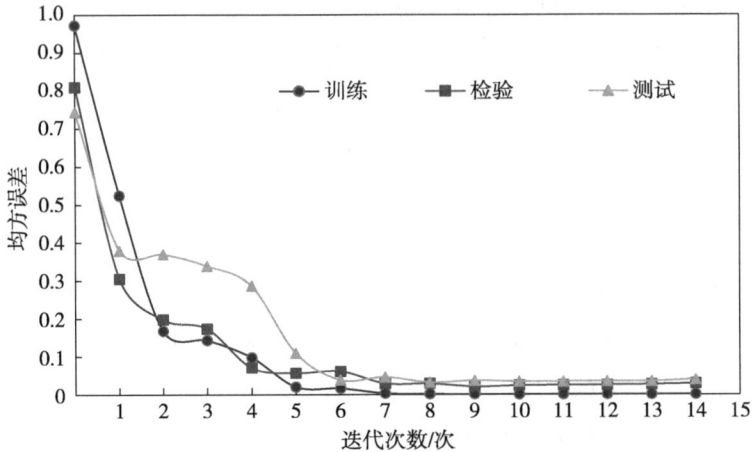

图 6-13　人工神经网络学习样本的均方误差曲线

图 6-14 是训练和测试样本的目标输入值与人工神经网络模型的预测值之间的比较。比较的结果表明：人工神经网络模型的预测结果与输入的目标结果基本一致。

图 6-15 是训练、检验、测试样本的期望输出和网络输出之间的关系系数和线性回归结果。从图 6-15 可以看出，对训练、检验、测试样本，网络预测的结果能够基本均匀对称地分散在拟合曲线的两边，同时所有的关系系

数 R-值都大于 0.95，这些结果表明训练后的人工神经网络模型能够映射深部工程岩体力学参数与水力压裂力学行为之间的线性/非线性函数关系。

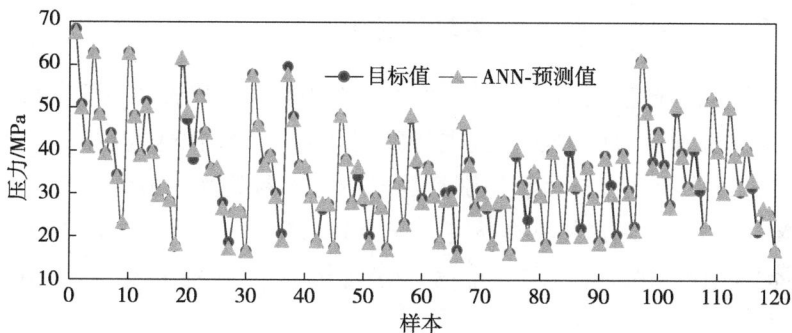

图 6-14　网络预测值与目标值的比较

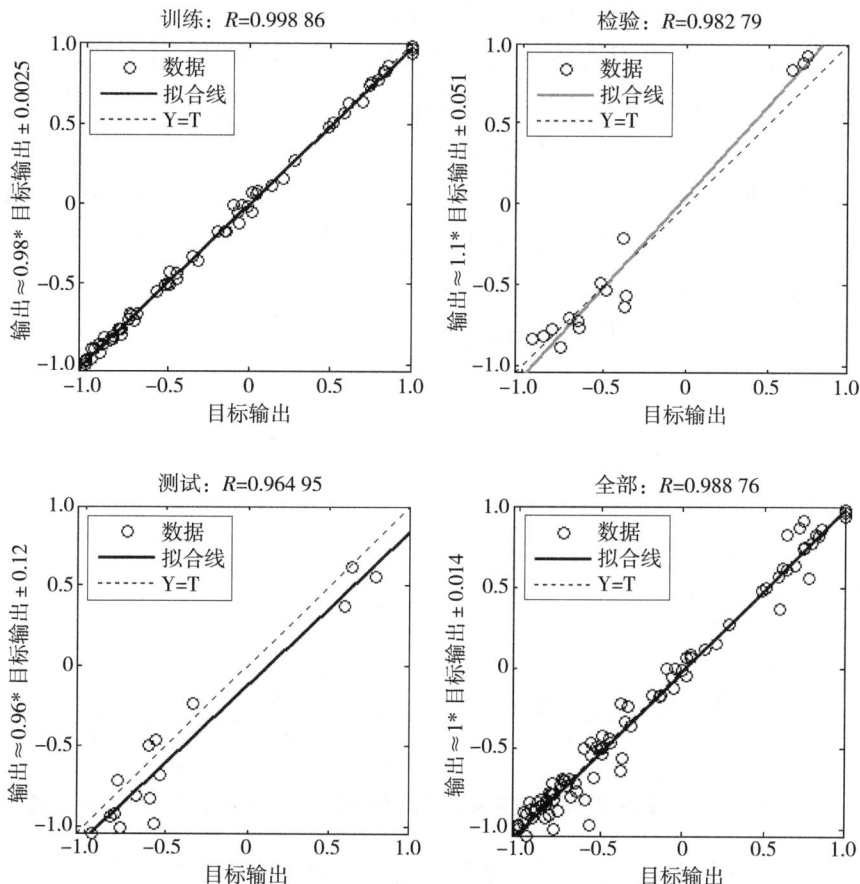

图 6-15　人工神经网络模型训练、测试过程中的关系系数值和拟合回归结果

综上所述，网络模型的性能是优秀的，它能准确地预测井底压力值并结合监测的水压致裂井底压力值为遗传算法建立其适应度函数关系。

6.3.5.2 岩体力学参数反演结果分析

基于建立的适应度函数关系，采用人工智能多参数岩体力学参数特征化模型，对深部地层岩体力学参数进行确定。经过 600 次迭代后，混合 ANN-GA 组成的压力反演分析模型识别到的岩体力学参数为：最大水平原场应力 $\sigma_H = 45.26$ MPa；最小水平原场应力 $\sigma_h = 19.23$ MPa；垂直方向的节理刚度 $k_{n1} = 4.42 \times 10^4$ MPa/m，$k_{n2} = 6.15 \times 10^4$ MPa/m；节理间距 $s_1 = 10.36$ m，$s_2 = 9.25$ m。

为了进行遗传算法所获得的岩体力学参数是否准确的判别，需要对遗传算法结果和识别的岩体力学参数结果进行分析。

图 6-16 是平均个体适应度函数值和最优个体适应度函数值随迭代的变化曲线。基于平均个体适应度函数值的变化情况，能够说明遗传算法在进行全局搜索过程中，种群的个体很好地保持了多样性。最优个体适应度函数值的变化情况说明了遗传算法在进行全局最优选择过程中，有效地保证了优胜劣汰原则。最终平均个体适应度函数值和最优个体适应度函数值分别是 0.038 和 0.036。这个结果也说明了遗传算法在大的搜索空间中，找到理想的最优结果，即要识别的岩体力学参数。

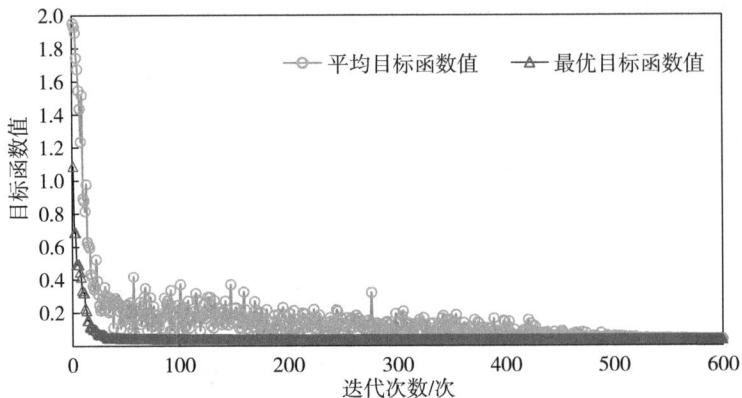

图 6-16　平均个体适应度函数值和最优个体适应度函数值随迭代的变化曲线

为了进一步证明人工智能识别的上述岩体力学参数是否能有效地等效于深部目标岩层的岩体力学参数。将识别的岩体力学参数（最大水平原场应

力 $\sigma_H = 45.26$ MPa；最小水平原场应力 $\sigma_h = 19.23$ MPa；垂直方向的节理刚度 $k_{n1} = 4.42 \times 10^4$ MPa/m，$k_{n2} = 6.15 \times 10^4$ MPa/m；节理间距 $s_1 = 10.36$ m，$s_2 = 9.25$ m）代入采用 UDEC 建立的水力压裂模型中，并执行了水压致裂数值模拟，其结果如图 6-17 所示。将随时间变化的水压致裂监测的井底压力值和采用 UDEC 建立的水压致裂模型计算获得的井底压力值之间进行比较。表 6-5 是场地监测值、网络预测和 UDEC 数值模型计算的水压致裂井底压力值及其之间的比较。比较的结果表明：基于识别的深部工程岩体力学参数，采用 UDEC 数值模型计算的井底压力值略大于监测的井底压力值，而且计算获得的井底压力值与监测到的井底压力值之间的绝对和相对误差都大于网络模型预测到的井底压力值与监测的井底压力值之间的相对和绝对误差。但是这些误差都在岩体力学参数确定所要求的误差范围之内，一般要求是 10% 以内[118]。

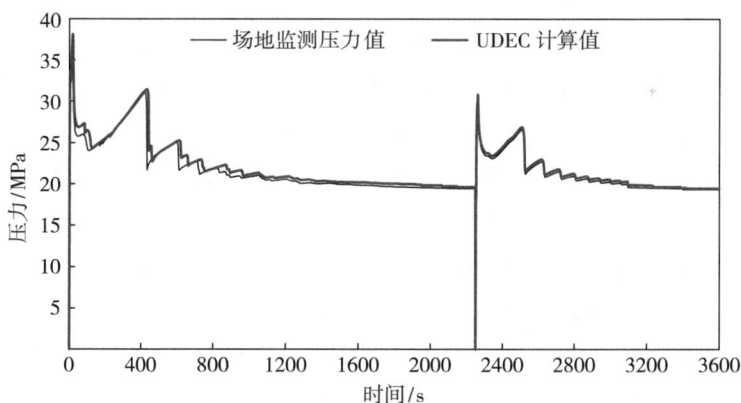

图 6-17　将场地监测压力值与识别数值代入数值模型中计算所得结果的比较

表 6-5　场地监测值、网络预测值和计算井底压力值

名称	P_1（FBP）	P_2（FRP）	P_3（ISIP）
水压致裂测试压力/MPa	36.986	28.8	19.32
网络预测压力/MPa	36.9865	28.9107	19.3210
UDEC 计算压力/MPa	38.14	29.094	19.66
测试与网络预测压力的绝对误差/MPa	0.0005	0.1107	0.001
测试与数值计算压力的绝对误差/MPa	1.154	0.294	0.34
测试与网络预测压力的相对误差	0.0013%	0.38%	0.005%
测试与数值计算压力的相对误差	3.12%	1.021%	1.76%

基于上述结果和分析，建议的人工智能岩体力学参数压力反演模型，能够基于监测的水力压裂井底压力值，准确地对水平原场主应力和节理裂隙参数进行识别。该方法的优点在于通过执行水力压裂测试，能够采用等效的方法同时确定原场主应力和天然裂隙特征参数。

6.4　本章小结

本章首先通过离散单元法建立水力压裂多场耦合模型，模拟分析了水压致裂过程，同时产生大量人工神经网络模型学习样本。然后建立结合人工神经网络模型和遗传算法的多参数岩体力学参数压力反演模型。最后验证了采用人工智能岩体力学参数模型所获得的岩体力学参数的准确性。通过对研究结果的分析得到以下结论：

①基于实际工程，UDEC能方便地产生与实际工程相匹配的节理裂隙几何分布，同时能在拥有大量节理裂隙中执行水压致裂数值模拟，分析各种岩体力学参数对水力压裂过程中井底压力的敏感性。

②对于深部岩体力学参数的确定，由于不能有效地对深部取出岩芯保持原有应力场和在室内实验室保持原场的温度、渗流等条件，造成深部岩体力学参数的确定出现与实际值有较大误差/偏差。本章提出了采用等效方法对其进行确定，可以有效地避免这些挑战和困难。

③在水压致裂过程中，采用压力监测系统，能够准确地监测到在水压致裂过程中的井底压力值。基于水压致裂力学行为与深部岩体的岩体力学参数有着明显的线性/非线性关系。这给解决深部岩体岩体力学参数反演问题提供了便利，同时人工神经网络模型能有效地代替数值模拟实现多参数优化的分析岩体力学参数与岩体力学行为之间的非线性关系，从而实现了数值模拟产生人工神经网络模型的学习样本。基于监测的水压致裂井底压力值，采用人工神经网模型代替数值计算，并建立遗传优化搜索的适应度函数关系，最终实现深部目前岩体层的岩体力学参数的确定，如最大水平地应力、最小水平地应力、节理裂隙的垂直刚度和它们之间的间距。

④在人工智能模型中，各种参数的设置对模型的输出结果有很多影响。对人工神经网络模型来说，如果在神经网络的输入和输出不是很复杂的情况下，使用的隐含层为1层或2层能得到较为理想的结果。遗传算法

的种群一般设计为60左右，这样既能保证种群的数量也能保证运行速度。交叉操作概率 P_c 一般是在0.6左右，而变异操作概率 P_m 的值不宜过大，应在0.1以下为宜。

⑤本章的一系列研究结果和分析，可以证明人工智能岩体力学参数反演模型能有效地执行岩体力学参数的确定。但是在本章中，由于 UDEC 模型为二维模型，本次研究成果主要适用原场地应力为 $\sigma_v > \sigma_H > \sigma_h$ 或 $\sigma_H > \sigma_v > \sigma_h$ 的情况。

第7章 结论与展望

7.1 主要结论

目前，有关深部非常规油气储层的岩体破坏机制及其岩体力学参数特征化研究还处于起步阶段，但深部资源或能源的高效开发利用和地下工程安全建设需要知道深部岩体破坏机制和深部岩体力学参数值已是不争的事实。本书主要开展了地下工程岩体破坏机制和岩体力学参数确定方法的研究。对优化深部资源或能源高效开采方案进行设计，保障工程安全运行，减少工程安全隐患等深部岩体工程问题是必不可少的基础工作。本书的研究主要采用有限差分法模拟分析了油气开采过程中的油气储层压缩及导致的地面移动规律，以及采用离散单元法来构建天然裂隙和人造裂隙的开裂、延伸过程，并模拟裂隙岩体在多场耦合作用下的破坏机制，有效地克服了室内试验很难建立深部空间的原场地质力学环境下的岩体多场作用效应。对于深部资源开采过程中需要知道的裂隙岩体力学参数确定的难题，本书提出了数值模拟和人工智能相结合的方法，该方法就是利用场地监测信息，来对其岩体力学参数进行反演确定。该技术在进行深部岩体破坏机制分析和岩体力学参数确定时，不需要对地下岩体取样，进行现场环境的室内试验维护、测试分析，从而可以节约大量实验设备购置、实验材料购置、实验材料运输处理、岩体取芯、室内岩芯维护及岩芯测试等费用。

因此，该研究成果为深部资源能源高效开采和利用提供了技术支持，应用前景广阔，易于推广，对国民经济发展和社会发展有着重要的推动作用。研究主要得到如下几点结论：

①结合不同工具或方法的优点去组建一种新的方法，即深部岩体层岩体力学参数等效确定方法，是一种很好的思想，因为它能克服传统岩体力学参数确定方法的缺点，有效地利用准确而又容易监测到的场地信息对深部岩体

层的岩体力学参数进行等效识别。这为解决深部复杂的资源储层或地层的岩体力学参数特征化提供了方便。

②通过煤矿爆破特征参数预测及水利水电工程地应力测量的 2 个算例，人工智能模型的均方误差、相关系数结果和遗传算法目标函数值结果，以及预测结果和识别结果与理论计算（监测）结果的对比分析，都表明场地的实测数据作为人工神经网络模型的训练样本，混合 GA-ANN 岩体力学参数预测模型和混合 ANN-GA 岩体力学参数反演模型都可以用来解决复杂的非线性问题，且预测和识别的结果与实际结果吻合较好。

③根据一系列工程算例研究，本研究建议的数值模拟和人工智能多参数深部岩体力学参数反演方法是一个通用方法。例如，本研究采用有限差分法建立了油气生产引起的油气储层压缩进而导致生产井周围的地面位移的数值模型，这里的数值模型并不局限于有限差分模型，根据不同的工程，以及工程技术人员和科研人员对不同数值模拟方法的熟悉和掌握情况，可以自行选择数值模拟方法，如有限单元法、边界元法、离散单元法，建立地质力学模型以进行不同的地质力学行为模拟分析。对于不同的实际工程问题，在实现人工智能多参数深部岩体岩体力学参数反演时，只需要改变遗传算法中的适应度函数关系及人工智能中的一些基本参数和识别参数的范围，就能达到目的。

④深部人工智能岩体力学参数等效识别方法的优点包括：一方面，该方法能够实现一次多参数同时确定，从而解决了复杂的非线性问题，同时避免了在确定一个参数时，需要提前假设一系列参数的相互制约问题。另一方面，该方法作为一个施工或生产过程中使用的方法，较其他方法成本低，而且确定岩体力学参数的时间也比较快，能快速有效地分析工程实际动态，及时判别工程稳定性，修正设计参数和施工工艺。

⑤根据对深部岩体力学参数的识别算例研究，该方法能够基于等效原理有效地获得目前没有统一方法能获得的岩体力学参数。例如，深部岩体的节理裂隙特征，由于人或机器设备都很难直接到达深部岩体层的各个区域，也很难取出高质量的岩芯，从而采用试验等传统的方法不能有效地确定该地层的节理裂隙模式和岩体力学参数（节理裂隙抗拉刚度、间距、密度等）。

因此，本书研究项目的贡献在于将人工智能反演方法引入深部岩体力学参数识别中，提出了基于场地准确的监测信息，定量化深部裂隙岩体的常见力学参数和节理裂隙的特征参数的新方法。

7.2 研究展望

虽然本书给出了大量的研究算例,证明了数值模拟和人工智能相结合成功识别出了深部岩体力学参数。但是,建立的人工智能岩体力学参数反演方法能否准确地识别出岩体力学参数,很大程度上依赖于场地监测到的或数值模拟获得的人工智能学习样本的有效性。因此,要想很好地推广和应用该项技术,需要发展更多与实际工程相匹配的深部岩体本构关系,准确模拟实际工程在不同岩体力学参数下的力学行为,有效地分析它们之间的敏感度,提高网络模型的预测输出。就笔者所涉及的相关研究工作,依旧存在以下几点有待进一步深入研究:

①以深部油气生产过程中的地面位移为例,要想利用地面的位移监测信息获得油气藏的天然裂隙特征,如裂隙方向、密度、分布模式等,这要求我们发展更符合实际工程考虑的各种裂隙模式和多相流相互耦合的地质力学模型,从而模拟在不同岩体节理裂隙模式下的岩体力学行为,构建出更优秀的人工智能学习样本。

②在人工智能反演模型中,能优化的空间非常大,目前对人工智能的一些参数设置,主要依靠简单比较分析和经验来确定。将来建立的人工智能多参数反演模型,应该将更多优化算法,如粒子群算法、蚁群算法、退火算法等,嵌入人工智能多参数反演模型中对网络模型的结构、权值、阈值,以及优化算法的种群个数、遗传优化概率等参数进行大空间全智能的优化搜索确定,从而达到人工智能本身参数的最优。

③基于笔者一系列项目的研究工作,将来可以将二维的节理裂隙岩体力学多场耦合问题扩充到三维的节理裂隙岩体力学多场耦合问题中。同时,研究的领域也可以扩展到更多的非常规油气储层的开采和地下空间工程中,如可燃冰的开采、深部地热的开采、煤层气的开采、深部隧道工程等。

参 考 文 献

［1］何满潮,钱七虎. 深部岩体力学基础［M］. 北京:科学出版社,2010.

［2］谢和平. 深部高应力下的资源开采:现状、基础科学问题与展望［C］// 科学前沿与未来:第六集. 香山科学会议. 北京:中国环境科学出版社,2002:179-191.

［3］RANJITH P G,ZHAO J,JU M,et al. Opportunities and challlegnes in deep mining:a brief review［J］. Engineering,2017,3(4):546-551.

［4］谢和平,高峰,鞠杨. 深部岩体力学研究与探究［J］. 岩石力学与工程学报,2015, 34(11):2161-2178.

［5］钱七虎. 非线性岩石力学的新进展:深部岩体力学的若干问题［C］// 中国岩石力学与工程学会. 第八届全国岩石力学与工程学术大会论文集. 北京:科学出版社, 2004:10-17.

［6］黄达,黄润秋. 卸荷条件下裂隙岩体变形破坏及裂纹扩展演化的物理模型试验［J］. 岩石力学与工程学报,2010,29(3):502-512.

［7］TSANG C F,BERNIER F,DAVIES C. Geohydromechanical processes in the Excavation Damaged Zone in crystalline rock,rock salt,and indurated and plastic clays-in the context of radioactive waste disposal［J］. International journal of rock mechanics and mining sciences,2005,42(2005):109-125.

［8］ARMAND G,LEVEAU F,NUSSBAUM C,et al. Geometry and properties of the excavation-induced fractures at the meuse/haute-marne URL drifts［J］. Rock mechanics and rock engineering,2014,47(1):21-41.

［9］李树忱,马腾飞,蒋宇静,等. 深部多裂隙岩体开挖变形破坏规律模型试验研究［J］. 岩土工程学报,2016,38(6):987-995.

［10］胡社荣,彭纪超,黄灿,等. 千米以上深矿井开采研究现状与展望［J］. 中国矿业, 2011,20(7):105-110.

［11］谢和平. "深部岩体力学与开采理论"研究构想与期望成果展望［J］. 工程科学与技术,2017,49(2):1-16.

［12］FAIRHURST C. Some challenges of deep mining［J］. Engineering,2017,3(4):527-537.

［13］钱鸣高. 绿色开采的概念与技术体系［J］. 煤炭科技,2003(4):1-3.

［14］缪协兴,钱鸣高. 中国煤炭资源绿色开采研究现状与展望［J］. 采矿与安全工程学报,2009,26(1):1-14.

［15］阮徐可,杨明军,李洋辉,等. 不同形式天然气水合物藏开采技术的选择研究综述［J］. 天然气勘探与开发,2012,35(2):39-44.

［16］郑颖人,高红. 岩体材料基本力学特性与屈服准则体系［J］. 建筑科学与工程学报,2007,24(2):1-5.

［17］朱维申,李术才,陈卫忠. 节理岩体破坏机理和锚固效应及工程应用［M］. 北京:科学出版社,2002.

［18］谢和平. 分形岩石力学导论［M］. 北京:科学出版社,1996.

［19］C1EARY M P. Effects of depth on rock fracture［C］// ISRM International Symposium, Pau,France,August 1989,7:1153-1163.

［20］王鸿勋. 水力压裂原理［M］. 北京:石油工业出版社,1987.

［21］ASADI M,BAGHERIPOUR M H. Modified criteria for sliding and non-sliding failure of anisotropic jointed rocks［J］. International journal of rock mechanics and mining sciences, 2015,73:95-101.

［22］肖桃李,李新平,贾善坡. 深部岩体单裂隙岩体结构面效应的三轴试验研究与力学分析［J］. 岩石力学与工程学报,2012,31(8):1666-1673.

［23］朱维申,陈卫忠,申晋. 雁形裂纹扩展的模型试验及断裂力学机制研究［J］. 固体力学学报,1998,19(4):355-360.

［24］杨圣奇,温森,李良权. 不同围压下断续预制裂纹粗晶大理岩变形和强度特性的试验研究［J］. 岩石力学与工程学报,2007,26(8):1573-1587.

［25］张平,李宁,贺若兰,等. 动载下两条断续预制裂隙贯通机制研究［J］. 岩石力学与工程学报,2006,25(6):1210-1217.

［26］LAJTAI E Z. Brittle fracture in compression［J］. International journal of fracture,1974, 10(4):525-536.

［27］HOEK E,BIENIAWSKI Z T. Brittle fracture propagation in rock under compression［J］. International journal of fracture,1965(1):137-155.

［28］PETIT J,BARQUINS M C. Natural faults propagate under mode II conditions tectonics［J］. International journal of rock mechanics and mining sciences & geomechanics abstracts, 1988,26(5):1243-1256.

［29］CHANG X,ZHAO H,CHENG L. Fracture propagation and coalescence at bedding plane in layered rocks［J］. Journal of structural geology,2020,141(2):104213.

［30］高明忠,王明耀,谢晶,等. 深部煤岩原位扰动力学行为研究［J］. 煤炭学报,2020,

45(8):2691-2703.

[31] 许江,李贺,鲜学福,等. 对单轴应力状态下砂岩微观断裂发展全过程的试验研究[J]. 力学与实践,1986,8(4):16-20.

[32] WU X Y,BAUD P,WONG T F. Micromechanics of compressive failure and spatial evolution of anisotropic damage in darley dale sandstone[J]. International journal of rock mechanics and mining sciences,2000,37(1):143-160.

[33] 葛修润,任建喜,蒲毅彬,等. 岩石细观损伤扩展规律的 CT 实时研究[J]. 中国科学 E 辑:技术科学,2000,30(2):104-111.

[34] 朱红光,谢和平,易成,等. 岩石材料微裂隙演化的 CT 识别[J]. 岩石力学与工程学报,2011,30(6):1230-1238.

[35] 张旭,蒋延学,贾长贵,等. 页岩气储层水力压裂物理模拟试验研究[J]. 石油钻探技术,2013,41(2):70-74.

[36] 郭印同,杨春和,贾长贵,等. 页岩水力压裂物理模拟与裂缝表征方法研究[J]. 岩石力学与工程学报,2014,33(1):52-59.

[37] 蒋宇静,李博,王刚,等. 裂隙渗流特性试验研究的新进展[J]. 岩石力学与工程学报,2008,27(12):2377-2386.

[38] 杨更社,张全胜. 冻融环境下岩体细观损伤及水热迁移机理分析[M]. 西安:陕西科学技术出版社,2006.

[39] JOSEPH W,BERNARO H. A theoretical model of the fracture of rock during freezing[J]. Geological society of America bulletin,1985,96(3):336-346.

[40] ZHU J F,YANG X B,HE N. Experimental research on coal rock creep deformation-seepage coupling law[J]. Procedia engineering,2011,26:1526-1531.

[41] PARK H,OSADA M,MATSUSHITA T,et al. Development of coupled shear-flow-visualization apparatus and data analysis[J]. International journal of rock mechanics & mining sciences,2013,63:72-81.

[42] 陈勉,庞飞,金衍. 大尺寸真三轴水力压裂模拟与分析[J]. 岩石力学与工程学报,2000,19(增刊1):868-872.

[43] 张广清,陈勉. 水平井水压致裂裂缝非平面扩展模型研究[J]. 工程力学,2006,23(4):160-165.

[44] DEVELI K,BABADAGLI T. Experimental and visual analysis of single-phase flow through rough fracture replicas[J]. International journal of rock mechanics & mining sciences,2015,73:139-156.

[45] 徐彬,李宁,李仲奎,等. 低温液化石油气和液化天然气储库及相关岩石力学研究进

展[J]. 岩石力学与工程学报,2013,32(增刊2):2977-2993.

[46] 刘泉声,康永水,刘小燕. 冻结岩体单裂隙应力场分析及热-力耦合模拟[J]. 岩石力学与工程学报,2011,30(2):217-223.

[47] NEAUPANE K M,YAMABE T,YOSHINAKA R. Simulation of a fully coupled thermo-hydro-mechanical systems in freezing and thawing rock[J]. International journal of rock mechanics & mining sciences,1999,36(5):563-580.

[48] 张学富,喻文兵,张志强. 寒区隧道渗流场和温度场耦合问题的三维非线性分析[J]. 岩土工程学报,2001,28(9):1095-1100.

[49] 谭贤君,陈卫忠,伍国军. 低温冻融条件下岩体温-渗流-应力-损伤(THMD)耦合模型研究在寒区隧道中的应用[J]. 岩石力学与工程学报,2013,32(2):239-250.

[50] MONSEN K,BARTON N. A numerical study of cryogenic storage in underground excavations with emphasis on the rock joint response[J]. International journal of rock mechanics & mining sciences,2001,38(7):1035-1045.

[51] KANG Y S,LIU Q S,HUANG S B. A fully coupled thermo-hydro-mechanical model for rock mass under freezing/thawing condition[J]. Cold regions science and technology,2013,95:19-26.

[52] KELKAR S,LEWIS K,KARRA S,et al. A simulator for modeling coupled thermo-hydro-mechanical processes in subsurface geological media[J]. International journal of rock mechanics & mining sciences,2014,70:569-580.

[53] 刘泉声,刘学伟. 多场耦合作用下岩体裂隙扩展演化关键问题研究[J]. 岩体力学,2014,35(2):217-227.

[54] ZHANG S K,YIN S D. Determination of horizontal in-situ stresses and natural fracture properties from wellbore deformation[J]. International journal of oil,gas and coal technology,2014,7(1):1-28.

[55] 杨吉龙,胡克. 干热岩(HDR)资源研究与开发技术综述[J]. 世界地质,2001,20(1):43-51.

[56] DEZAYES C,GENTER A,VALLEY B. Structure of the low permeable naturally fractured geothermal reservoir at Soultz[J]. Comptes rendus geoscience,2010,342(7/8),517-530.

[57] FJÆR E,HOLT R M,HORSRUD P,et al. Petroleum related rock mechanics[M]. 2nd ed. Amsterdam:Elsevier,2008.

[58] HOLT R M,BRIGNOLI M,KENTER C J. Core quality:quantification of coring-induced rock alteration[J]. International journal of rock mechanics and mining science,2000,

37(6):889–807.

[59] CHENG C H,JOHNSTON D H. Dynamic and static moduli[J]. Geophysical research letters,1981,8(1):39–42.

[60] AADNØY B S. Inversion technique to determine the in-situ stress field from fracturing data[J]. Journal of petroleum science and engineering,1990,4(2):127–141.

[61] 刁心宏,王永嘉,冯夏庭,等. 用人工神经网络方法辨识岩体力学参数[J]. 东北大学学报(自然科学版),2002,23(1):60–63.

[62] 冯夏庭,杨成祥. 智能岩石力学(2):参数与模型的智能辨别[J]. 岩石力学与工程学报,1999,18(3):350–353.

[63] 赵洪波,冯夏庭. 位移反分析的进化支持向量机研究[J]. 岩石力学与工程学报,2003,22(10):1618–1622.

[64] ZHANG S K,YIN S D. Reservoir geomechanical parameters identification based on ground surface movements[J]. Acta geotechnica,2013,8(3):279–292.

[65] ZHANG S K,YIN S D,YUAN Y G. Estimation of fracture stiffness,in situ stresses and elastic parameters of naturally fractured geothermal reservoirs[J]. International journal of geomechanics,2015,15(1):1–9.

[66] 谢鸿森,侯渭,周文戈,等. 地球深部探索与高压研究[J]. 物理,2001,30(3):145–148.

[67] 喻思娈. 关注探秘"三深":到地球深部找答案[N]. 人民日报,2001–04–26(5).

[68] 妥进才,王先彬,周世新,等. 深层油气勘探现状与研究进展[J]. 天然气地球科学,1999,10(6):1–8.

[69] 谢和平,彭苏萍,何满潮. 深部开采基础理论与工程实践[M]. 北京:科学出版社,2005.

[70] 何满潮. 深部的概念体系及工程评价指标[J]. 岩石力学与工程学报,2005,24(16):2854–2858.

[71] HOEK E,BROWN E T. Underground excavations in rock[M]. London:Institution of Mining and Metallurgy,1980.

[72] HEIDBACH O,TINGAYM M,BARTH A,et al. Global crustal stress pattern based on the world stress map database release[J]. Tectonophysics,2008,482(1/4):3–15.

[73] 谢和平,冯夏庭. 灾害环境下重大工程安全性的基础研究[M]. 北京:科学出版社,2009:50–122.

[74] BRADY B H G,BROWN E T. Rock mechanics for underground mining[M]. New York:Kluwer academic publishers,2005.

［75］ 曹洪松,逯光明,石建,等. 济宁市城区遥感地热异常及其地热田地质特征［J］. 山东国土资源,2008,24(4):29-37.

［76］ 李爱军,张丰,王鹏. 济宁市南部地热资源分析［J］. 山东国土资源,2015,31(6):30-34.

［77］ 李文洲,康红普,姜志云,等. 深部裂隙煤岩体变形破坏机理及高压注浆改性强化试验研究［J］. 煤炭学报,2021,46(3):912-923.

［78］ GOODMAN R. The mechanical properties of joints. In:Advances in Rock Mechanics［A］. Proc. 3rd Cong. Int. Soc. Rock Mech. , Denver, Sept. 1 - 7, National Academy of Sciences,Washington D. C. ,I,Part A,1974,127-140.

［79］ BANDIS S,LUMSDEN A,N BARTON. Experimental studies of scale effects on the shear behavior of rock joints［J］. International journal of rock mechanics and mining sciences & geomechanics,1989,18:1-21.

［80］ 何江达,张建海,范景伟. 霍克-布朗强度准则中 m,s 参数的断裂分析［J］. 岩石力学与工程学报,2001,20(4):432-435.

［81］ SNOW D T. Aparallel plate model of fracture permeable media［D］. Berkeley:University of California,1965.

［82］ LOUIS C,MAINI Y N. Determination of in situ hydraulic parameters in jointed rock ［C］// International Society for Rock Mechanics. International society of rock mechanics proceedings,1970,40-45

［83］ 刘晓丽,王恩志,王思敬,等. 裂隙岩体渗透性研究［J］. 工程地质学报,2006,14(增刊1):344-349.

［84］ 王恩志. 岩体裂隙的网格分析及渗流模型［J］. 岩石力学与工程学报,1993,12(3):214-221.

［85］ 王恩志,孙役,黄远智,等. 三维离散裂隙网格渗流模型与实验模拟［J］. 水利学报,2002,5:37-40.

［86］ 陈子荫. 地下工程中岩石力学问题的基本特点［J］. 煤炭学报,1986,4:1-7.

［87］ 冯夏庭. 智能岩石力学导论［M］. 北京:科学出版社,2000.

［88］ MACULLOCH W S,PITTS,W S. A logical calculus of the ideas immanent in nervous activity［J］. The bulletin of mathematical biophysics,1943,5(4):113-115.

［89］ HAYKIN S. Neural networks:a comprehensive foundation［M］. New York:Macmillan,1999.

［90］ RUMELHART D E,MCCLELLAND J L. Parallel distributed processing［M］. Cambridge:MIT Press,1986.

[91] 杨建刚.人工神经网络实用教程[M].杭州:浙江大学出版社,2001.

[92] 黄山松,杜继宏,冯元琨.前向神经网络的处理能力和推广性量度[J].清华大学学报,1999,39(7):54-58.

[93] SAHOO G B,RAY C. Flow forecasting for a Hawaiian stream using rating curves and neural networks[J]. Journal of hydrology,2006,317(1/2):63-80.

[94] LEGATES D R,MCCABE JR G J. Evaluating the use of "goodness-of-fit" measures in hydrologic and hydroclimatic model validation [J]. Water resources research, 1999, 35 (1):233-241.

[95] HOLLAND J H. Application of natural and artificial systems[M]. Ann Arbor:University of Michigan Press,1975.

[96] HOLLAND J H. Genetic algorithms[J]. Scientific American,1992,267(1):44-50.

[97] HASSAN L H,MOGHAVVEMI M,ALMURIB H A F,et al. Application of genetic algorithm in optimization of unified power flow controller parameters and its location in the power system network[J]. International journal of electrical power & energy systems, 2013,46:89-97.

[98] GEN M,CHENG R. Genetic algorithms and engineering optimization[M]. New York: Wiley,2007.

[99] MAJDI A,BEIKI M. Evolving neural network using a genetic algorithm for predicting the deformation modulus of rock masses[J]. International journal of rock mechanics & mining sciences,2010,47(2):246-253.

[100] 张立国,龚敏,于亚伦.爆破振动频率预测及其回归分析[J].辽宁工程技术大学学报,2005,24(2):87-89.

[101] 马春德,董陇军,周亚楠,等.爆破振动特征参量预测的非线性模型及应用[J].矿冶工程,2014,34(6):1-4.

[102] 王勇,唐旭,邹飞,等.爆破振动特征参量的SVM及神经网络预测应用研究[J].公路,2017,4(4):12-17.

[103] 王建国,黄永辉,周建明.露天煤矿爆破振动的BP神经网络预测[J].河南理工大学(自然科学版),2016,35(3):322-328.

[104] TRIPATHY G R,SHIRKE R R,KUDALE M D. Safety of engineered structures against blast vibrations:a case study[J]. Journal of rock mechanics and geotechnical engineering,2016,8(2):248-255.

[105] 蔡美峰.地应力测量原理和方法的评述[J].岩石力学与工程学报,1993,12(3):275-283.

[106] 张重远,吴满路,陈群策,等. 地应力测量方法综述[J]. 河南理工大学学院报(自然科学版),2012,31(3):305-310.

[107] ZOBACK M D,BARTON C A,BRUDY M,et al. Determination of stress orientation and magnitude in deep wells[J]. International journal of rock mechanics and mining sciences,2003,40(7):1049-1076.

[108] 孙东生,丰成君,许洪斌,等. 大台沟矿区深孔水压致裂原地应力测量及应用[J]. 中南大学学报(自然科学版),2015,46(4):1384-1392.

[109] 尤明庆. 水压致裂法测量地应力方法的研究[J]. 岩石力学与工程学报,2005,27(3):350-353.

[110] 吕爱钟. 岩石力学反问题[M]. 北京:煤炭工业出版社,1999.

[111] 王金安,李飞. 复杂地应力场反演优化算法及研究新进展[J]. 中国矿业大学学报,2015,44(2):189-205.

[112] 袁伟,陈晓东. 基于 GA-BP 神经网络与 LSSVM 支持向量机的日用水量组合预测模型[J]. 水电能源科学,2015,33(10):33-37.

[113] 张士科,杨玉东,李军华. ANN-GA 压力反分析模型的应力测量中的应用[J]. 水电能源科学,2016,34(5):137-140.

[114] 吴海波,赵晓慎,王文川. 年均径流预测的遗传神经网络模型研究[J]. 人民黄河,2012,34(4):37-41.

[115] 张辉. 水压致裂法应力测量及在工程中的应用[J]. 云南水力发电,2005,21(6):25-28.

[116] 刘允芳. 水压致裂法三维地应力测量[J]. 岩石力学与工程学报,1991,10(3):246-256.

[117] 景锋,梁合成,边智华. 地应力测量方法研究综述[J]. 华北水利水电学院学报,2008,29(2):71-75.

[118] YILMAZ I,YUKSEK A G. An example of artificial neural network (ANN) application for indirect estimation of rock parameters[J]. Rock mechanics and rock engineering,2008,41(5):781-795.

[119] HORSRUD P,SØNSTEBØ E F,BØE R. Mechanical and petrophysical properties of North Sea shales[J]. International journal of rock mechanics and mining sciences,1998,35(8):1009-1020.

[120] HUDSON J A,CROUCH S L,FAIRHURST C. Soft,stiff and servo-controlled testing machines:a review with reference to rock failure[J]. Engineering geology,1972,6(3):155-189.

［121］ FJÆR E. Static and dynamic moduli of a weak sandstone［J］. Geophysics,2009, 74(2):103-112.

［122］ RAAEN A M,HORSRUD P,KJØRHOLT H,et al. Improved routine estimation of the minimum horizontal stress component from extended leak-off tests［J］. International journal of rock mechanics and mining sciences,2006,43(1):37-48.

［123］ SANTARELLI F J,MARSALA A F,BRIGNOLI M,et al. Formation evaluation from logging on cuttings［J］. SPE reservoir evaluation & engineering,1998,1(3):238-244.

［124］ LEVASSEUR S,MALÉCOT Y,BOULON M,et al. Statistical inverse analysis based on genetic algorithm and principal component analysis:applications to excavation problems and pressuremeter tests［J］. International journal for numerical and analytical methods in geomechanics,2010,34(5):471-491.

［125］ PAPON A,RIOU Y,DANO C,et al. Single-and multi-objective genetic algorithm optimization for identifying soil parameters［J］. International journal for numerical and analytical methods in geomechanics,2012,36(5):597-618.

［126］ 刘波,韩彦辉. FLAC 原理、实例与应用指南［M］. 北京:人民交通出版社,2004.

［127］ 刘瑞,苗放,叶成名. 基于数字地球平台的油气工程技术应用［J］. 成都理工大学学报(自然科学版),2009,36(2):118-121.

［128］ 武立平,龚浩,赵晓龙,等. 基于 DInSAR 技术的阳泉矿区形变监测与分析［J］. 煤矿安全,2018,49(7):193-197.

［129］ LEWIS R W,SCHREFLER B A. The finite element method in the static and dynamic deformation and consolidation of porous media［M］. 2nd ed. New York:Wiley,1998.

［130］ MURAKAMI A,HASEGAWA T. Back analysis using kalman filter-finite elements and optimal location of observed points［C］//Proceeding of the 6th international conference on numerical methods in geomechanics. Innsbruck,1988:2051-2058.

［131］ BELL J S. Petro geoscience 1. in situ stresses in sedimentary rocks (part 1):measurement techniques［J］. Geosciences Canada,1996,23(2):85-100.

［132］ AADNØY B S,BELAYNEH M. Elasto-plastic fracturing model for wellbore stability using non-penetrating fluids［J］. Journal of petroleum science and engineering,2004, 45(3):179-192.

［133］ AMADEI B,STEPHANSSON O. Rock stress and its measurement［M］. London:Springer,1997.

［134］ HAIMSON B C,HERRICK C G. In-situ stress evaluation from borehole breakouts［C］// Pro 26th U. S. Symp,Rock Mechanics:A. A. Balkema,Rotterdam,1985:1207-1218.

[135] LJUNGGREN C,CHANG Y,JANSON T,et al. An overview of rock stress measurement methods[J]. International journal of rock mechanics & mining sciences,2003,40(7): 975-989.

[136] NICOLSON J P W,HUNT S P. Distinct element analysis of borehole instability in fractured petroleum reservoir seal formation[C]//SPE Asia and Pacific Oil and Gas Conference and Exhibition,Perth,Australia. 2004.

[137] CUI J W,WANG L J,LI P,et al. Wellbore breakouts of the main borehole of Chinese continental scientific drilling(CCSD) and determination of the present tectonic stress state[J]. Tectonophysics,2009,475(2):220-225.

[138] PLUMB R A. Fracture patterns associated with incipient wellbore breakouts[C]//ISRM International Symposium,Pau,France,1989.

[139] LEUCCI G,GIORGI L D. Experimental studies on the effects of fracture on the P and S wave velocity propagation in sedimentary rock ("calcarenite del salento")[J]. Engineering geology,2006,84(3):130-142.

[140] RIAL J A,ELKIBBI M,YANG M. Shear-wave splitting as tool for the characterization of geothermal fractured reservoirs:lessons learned[J]. Geothermics,2005,34(3):365-385.

[141] LAONGSAKUL P,DURRAST H. Characterization of reservoir fractures using conventional geophysical logging[J]. Songklanakarin journal of science and technology,2011, 33(2):237-246.

[142] HUANG J S,GRIFFITHS D V,WONG S W. Characterizing natural fracture permeability from mud loss data[J]. SPE journal,2010,16(1):111-114.

[143] NORBECK J,FONSECA E,GRIFFITHS D V,et al. Natural fracture identification and characterization while drilling underbalance[C]//SPE Americas Unconventional Resources Conference,Pittsburgh,Pennsylvania USA,2012

[144] ELLIS D V,SINGER J M. Well logging for earth scientists[M]. 2nd ed. Berlin:Springer,2008

[145] YAGHOUBI A A,ZEINALI M. Determination of magnitude and orientation of the in-situ stress from borehole breakout and effect of pore pressure on borehole stability:Case study in Cheshmeh Khush oil field of Iran[J]. Journal of petroleum science and engineering, 2009,67(3/4):116-126.

[146] ITASCA. Universal distinct element code(UDEC) Version 5.0[M]. Minnesota:Itasca Consulting Group Inc,2011.

[147] YIN S,TOWLER B F,DUSSEAULT M B,et al. Numerical experiments on oil sands shear dilation and permeability enhancement in a multiphase thermoporoelastoplasticity framework[J]. Journal of petroleum science and engineering,2009,69(3):219-226.

[148] ABDALLAH G,THORAVAL A,STEIR A,et al. Thermal convection of fluid in fractured media[J]. International journal of rock mechanics and mining sciences & geomechanics abstracts,1995,32(5):481-490.

[149] WHITE A J,TRAUGOTT M O,SWARBRICK R E. The use of leak-off tests as means of predicting minimum in-situ stress[J]. Petroleum geoscience,2002,8(2):189-193.

[150] ZHANG S,YIN S. Determination of in situ stresses and elastic parameters from hydraulic fracturing tests by geomechanics modeling and soft computing[J]. Journal of petroleum science and engineering,2014,124(1):484-492.

[151] HUBBERT M K,WILLIS D G W. Mechanics of hydraulic fracturing[J]. Petroleum transactions,1957,210:153-168.

[152] HAIMSON B,FAIRHURST C. Initiation and extension of hydraulic fractures in rocks [J]. Society of petroleum engineers journal,1967,7(3):310-318.

[153] DJURHUUS J,AADNOY B S. In situ stress state from inversion of fracturing data from oil wells and borehole image logs [J]. Journal of petroleum science and engineering, 2003,38(3/4):121-130.

[154] 张士科,肖建清,茹忠亮,等. 基于神经网络与遗传算法的地应力识别优化研究[J]. 河南理工大学学报(自然科学版),2016,35(3):316-321.

[155] ZHANG S,YIN S,WANG F,et al. Characterization of in-situ stress state and joint properties from extended leak-off tests in fractured shale gas reservoirs[J]. International journal of geomechanics,2017,17(3):1-12.

[156] BRUNER K R,SMOSNA R. A comparative study of the Mississippian Barnett shale,Fort Worth Basin,and Devonian Marcellus shale,Appalachian Basin[C]// National Energy Technology Laboratory,U. S. Department of Energy,2011:1-106.

[157] OLSON J E,HOLDE B J. Examining hydraulic fracture:natural fracture interaction in hydrostone block experiments[C]// SPE 152618. 2012.

[158] LIN W,YAMAMOTO K,ITO H,et al. Estimation of minimum principal stress from an extended leak-off test onboard the Chikyu drilling vessel and suggestions for future test procedures[J]. Scientific drilling,2008,6:43-47.